U0252944

CorelDRAW
实用案例解析

董明秀 ◎主编

清华大学出版社
北 京

内容简介

本书是一本专业的平面设计全实例型图书，其将理论与实践紧密结合，通过精选最实用的案例来进行技术剖析和操作详解，具有极强的实用性。

本书内容主要包括精美主题插画设计、特效艺术字设计、实用 logo 标志设计、个性化精致名片设计、潮流惊艳网页设计、人气电商广告设计、精致 UI 图标设计、移动媒体界面设计、艺术化招贴 POP 设计、时代流行海报设计、精美书籍装帧设计、商业实用精品包装设计等，同时书中还穿插了大量的提示与技巧，不仅能强化读者对软件应用及知识的吸收，更能为读者扫除学习障碍。

本书除纸质内容之外，还随书附赠了全书案例的同步教学视频、源文件、素材和 PPT 课件，读者可扫描书中的二维码及封底的"文泉云盘"二维码，在线观看教学视频并下载学习资料。教学视频均由具有多年教学经验的平面设计名师录制，让读者在对照书籍学习的同时辅以教学视频强化学习，做到不断巩固学习效果，真正扎实地学到知识。

本书内容全面、实例丰富、讲解透彻，可作为平面设计及广告制作人员的参考手册，还可以用作高等院校设计专业以及相关培训机构的教学辅导用书。

图书在版编目（CIP）数据

CorelDRAW实用案例解析 / 董明秀主编. -- 北京：清华大学出版社，2024. 8. -- ISBN 978-7-302-66855-8

Ⅰ. TP391.412

中国国家版本馆CIP数据核字第2024PJ9894号

责任编辑：贾旭龙
封面设计：秦　丽
版式设计：文森时代
责任校对：马军令
责任印制：宋　林

出版发行：清华大学出版社
　　网　　址：https://www.tup.com.cn，https://www.wqxuetang.com
　　地　　址：北京清华大学学研大厦A座　　　　　邮　　编：100084
　　社 总 机：010-83470000　　　　　　　　　　邮　　购：010-62786544
　　投稿与读者服务：010-62776969，c-service@tup.tsinghua.edu.cn
　　质 量 反 馈：010-62772015，zhiliang@tup.tsinghua.edu.cn
印 装 者：小森印刷（北京）有限公司
经　　销：全国新华书店
开　　本：203mm×260mm　　印　　张：17.5　　字　　数：465千字
版　　次：2024年8月第1版　　　　　　　印　　次：2024年8月第1次印刷
定　　价：89.80元

产品编号：100342-01

前 言

PREFACE

1. 写作目的

随着时代的发展，平面设计领域呈现出不断革新的态势。从贴近人们日常生活的 UI 界面设计，到引领时尚的 POP 广告，再到多元化的移动多媒体界面设计，每一个新的设计类型都让从业者面临更新和更大的挑战。面对这些挑战，从业者需要用敏锐的眼光捕捉当下的设计趋势，如符合大众审美的配色方案、独具匠心的版式布局等。而本书，正是你掌握这些技能、迎接挑战的得力助手。

2. 本书内容介绍

我们以最新版 CorelDRAW 软件为基础，通过大量实战案例，将理论知识与操作技巧完美融合，使读者对平面设计的掌握不是停留在表面，而是能够将所学应用到实践中，真正地将知识转化为自己的硬本领。

本书的内容安排循序渐进，从基础的精美主题插画设计、特效艺术字设计、实用 logo 标志设计、个性化精致名片设计，到进阶的潮流惊艳网页设计、人气电商广告设计，再到精致 UI 图标设计、移动媒体界面设计、艺术化招贴 POP 设计、时代流行海报设计、精美书籍装帧设计、商业实用精品包装设计，每一个章节都是对设计深度与广度的拓展。通过对以上内容的学习，希望读者能够在掌握基础设计知识的同时，也能逐步迈向更高的设计境界。

无论你是初入设计领域的新手，还是寻求进阶突破的专业人士，本书都将是你不可或缺的学习资料。对于初学者来说，它是一本图文并茂、通俗易懂的操作手册；对于专业广告从业者来说，它是一本极具价值的参考资料。

3. 本书特色

（1）一线作者团队。本书由一线高级讲师为入门级读者量身定制，以深入浅出、平实幽默的教学风格，将 CorelDRAW 化繁为简，浓缩其精华，帮助读者彻底掌握操作技能。

（2）丰富的实战案例。本书以全案例的形式进行编写，且难度逐层递进，通过详细的操作步骤和技巧提示全盘解析 CorelDRAW 的功能和用法，能够很好地满足各类读者的学习需求，使读者快速实现从入门到入行，从新手到高手。

（3）完善的配套资源。本书附赠同步教学视频，涵盖所有案例，扫描书中二维码即可随时随地观看、学习。对于院校老师，我们还提供了 PPT 课件，扫描封底的"文泉云盘"二维码即可获取。

4. 创作团队

本书由董明秀主编，同时参与编写的还有王红卫、崔鹏、郭庆改、王世迪、吕宝成、王红启、王翠花、夏红军、王巧伶、王香、石珍珍等，在此感谢所有创作人员对本书付出的艰辛。当然，在创作的过程中，由于时间仓促，书中难免存在疏漏之处，希望广大读者批评指正。如果在学习的过程中发现问题，或有更好的建议，读者可扫描封底的"文泉云盘"二维码获取作者的联系方式，与我们沟通、交流。

编　者

2024 年 5 月

目录
CATALOG

第1章

精美主题插画设计

内容摘要

本章主要讲解精美主题插画设计。本章以漂亮的插画视觉图像传达出主题思想，通过色彩、图像、文字等信息的结合表现出插画的视觉宣传效果。本章中列举了吃货快乐主题插画设计、中秋节主题插画设计、宁静乡村扁平插画设计及科学竞赛季插画设计等实例，通过对这些实例的学习，可以基本掌握精美主题插画设计的技能。

教学目标

◎ 了解吃货快乐主题插画设计技巧　　　　◎ 学会中秋节主题插画设计

◎ 学习宁静乡村扁平插画设计知识　　　　◎ 掌握科学竞赛季插画设计技巧

1.1 吃货快乐主题插画设计

实例说明

本例讲解吃货快乐主题插画设计。本例设计以漂亮的美食图像作为主题背景素材，通过绘制图形并添加文字信息完成插画的整体设计。最终效果如图 1.1 所示。

视频教学

图 1.1

关键步骤

◆ 导入背景素材。

◆ 绘制图形制作出主体视觉图像，添加并处理主体文字。

◆ 绘制图形制作出厚度效果，完成最终效果制作。

难易程度：★★☆☆☆

调用素材：第 1 章 \ 吃货快乐主题插画设计

源文件：第 1 章 \ 吃货快乐主题插画设计 .cdr

操作步骤

1.1.1 制作主体图像

① 打开【导入文件】对话框，选择"背景 .jpg"素材，单击【导入】按钮，将素材图像放在适当位置。

② 单击工具箱中的【贝塞尔工具】✐按钮，绘制一个红色（R:215，G:44，B:50）图形，如图 1.2 所示。

图 1.2

③ 再绘制一个深红色（R:101，G:6，B:14）图形，如图 1.3 所示。

④ 单击工具箱中的【椭圆形工具】〇按钮，

绘制一个红色（R:232，G:78，B:100）椭圆，如图1.4所示。

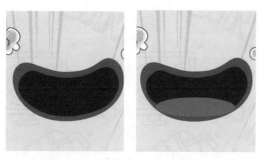

图1.3　　　　　　　图1.4

⑤ 选中椭圆，单击鼠标右键，在弹出的菜单中选择【Power Clip 内部】选项，在其下方图形上单击，将多余部分图形隐藏，如图1.5所示。

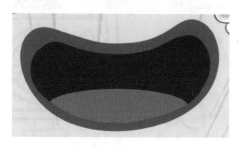

图1.5

⑥ 单击工具箱中的【矩形工具】□按钮，绘制一个白色矩形，如图1.6所示。

⑦ 单击工具箱中的【形状工具】按钮，拖动矩形右上角节点，增加其圆角半径，如图1.7所示。

图1.6　　　　　　　图1.7

⑧ 将圆角矩形适当旋转，如图1.8所示。

⑨ 选中圆角矩形，按住鼠标左键及 Shift 键的同时向右侧适当拖动，再按鼠标右键将其复制一份，将复制生成的图形适当旋转，以同样方法再复制数份圆角矩形，如图1.9所示。

图1.8　　　　　　　图1.9

⑩ 同时选中所有圆角图形，单击鼠标右键，在弹出的菜单中选择【Power Clip 内部】选项，在其下方图形上单击，将多余部分图形隐藏，制作出牙齿图形，如图1.10所示。

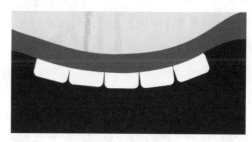

图1.10

⑪ 选中上排牙齿图形，按住鼠标左键的同时向下方拖动，再按鼠标右键，将其复制一份。

⑫ 单击属性栏中的【垂直镜像】按钮，对图形进行水平翻转，再将图形适当移动，如图1.11所示。

⑬ 同时选中下排所有圆角图形，单击鼠标右键，在弹出的菜单中选择【Power Clip 内部】选项，在其下方图形上单击，将多余部分图形隐藏，如图1.12所示。

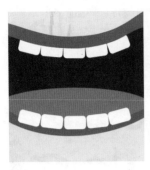

图 1.11　　　　　图 1.12

1.1.2　添加文字信息及装饰元素

 打开【导入文件】对话框,选择"食物.cdr"素材,单击【导入】按钮,将素材图像放在适当位置,如图 1.13 所示。

> 技巧　按 Ctrl+I 组合键可快速执行【导入】命令。

2 单击工具箱中的【文本工具】**字**按钮,输入文字,设置【字体】为汉仪尚巍手书 W,如图 1.14 所示。

图 1.13　　　　　图 1.14

3 选中输入的文字,在【轮廓笔】对话框中,将【颜色】更改为绿色(R:0,G:155,B:76),将【宽度】更改为 16,单击【位置】右侧的【外部轮廓】按钮,完成之后单击 OK 按钮,如图 1.15 所示。

4 单击工具箱中的【贝塞尔工具】按钮,沿文字边缘绘制一个图形。

图 1.15

5 单击工具箱中的【交互式填充工具】◇按钮,再单击属性栏中的【渐变填充】按钮,在图形上拖动,填充浅绿色(R:145,G:185,B:34)到深绿色(R:37,G:80,B:27)的线性渐变,如图 1.16 所示。

6 选中图形,单击鼠标右键,在弹出的菜单中选择【顺序】|【向后一层】选项,再次执行此命令,将图形移至 4 个文字下方,如图 1.17 所示。

图 1.16　　　　　图 1.17

> 提示　每执行一次【顺序】|【向后一层】命令,当前所选中的图形就将向下移动一次。

7 选中渐变图形，按 Ctrl+C 组合键将其复制，再按 Ctrl+V 组合键将其粘贴，将渐变颜色改成浅色渐变，再将其移至 4 个文字下方，如图 1.18 所示。

图 1.18

8 选中深色渐变图形，将其向下适当移动，制作出厚度效果，至此，吃货快乐主题插画制作完成，最终效果如图 1.19 所示。

图 1.19

1.2　中秋节主题插画设计

 实例说明

本例讲解中秋节主题插画设计。本例的设计以漂亮的中秋节主题场景为制作重点，通过添加装饰元素及素材文字完成整体插画设计。最终效果如图 1.20 所示。

视频教学

图 1.20

关键步骤

◆ 绘制矩形并添加渐变颜色，制作出天空图像。

◆ 绘制图形制作出山脉及云朵等场景元素。

◆ 导入文字素材，完成最终效果制作。

难易程度：★★☆☆☆

调用素材：第 1 章 \ 中秋节主题插画设计

源文件：第 1 章 \ 中秋节主题插画设计 .cdr

操作步骤

1.2.1　绘制场景图像

1. 单击工具箱中的【矩形工具】□按钮，绘制一个矩形。

2. 单击工具箱中的【交互式填充工具】◇按钮，再单击属性栏中的【渐变填充】▨按钮，在图形上拖动，填充蓝色（R:12，G:79，B:173）到深蓝色（R:15，G:24，B:46）的线性渐变，如图1.21所示。

图1.21

3. 单击工具箱中的【贝塞尔工具】⁄按钮，绘制一个蓝色（R:80,G:134,B:223）图形，如图1.22所示。

图1.22

4. 以同样方法再绘制一个浅蓝色（R:186，G:221，B:255）图形，如图1.23所示。

图1.23

5. 单击工具箱中的【贝塞尔工具】⁄按钮，在矩形左侧位置绘制一个蓝色（R:114，G:164，B:252）云朵图形，如图1.24所示。

6. 按Ctrl+C组合键将其复制，再按Ctrl+V组合键将其粘贴。

7. 单击属性栏中的【水平镜像】◫按钮，对上面复制的图形进行水平翻转，再将图形适当移动，如图1.25所示。

图1.24　　　　图1.25

8. 单击工具箱中的【贝塞尔工具】⁄按钮，在矩形右上角位置绘制一个蓝色（R:114，G:164，B:252）祥云图像，如图1.26所示。

图1.26

9. 选中祥云图像，按住鼠标左键的同时拖动，再按鼠标右键将其复制，并将复制生成的新图像适当缩小，以同样方法再复制多份祥云图像，如图1.27所示。

图1.27

10 选中最左侧超出矩形范围的祥云图像，单击鼠标右键，在弹出的菜单中选择【Power Clip 内部】选项，在其下方矩形上单击，将多余部分图像隐藏，如图1.28所示。

图1.28

1.2.2 添加场景元素图像

1 单击工具箱中的【矩形工具】☐按钮，按住 Ctrl 键绘制一个白色正方形，如图1.29所示。

 技巧 绘制矩形时，同时按 Ctrl 键可绘制正方形，按 Ctrl+Shift 组合键可以以某点为中心绘制正方形。

2 选中矩形，在选项栏中的【旋转角度】中输入45，将矩形旋转，再将其宽度适当缩小，如图1.30所示。

图1.29　　　　图1.30

3 选中白色矩形，按 Ctrl+C 组合键将其复制，再按 Ctrl+V 组合键将其粘贴。

4 在选项栏中的【旋转角度】中输入90，将复制生成的矩形旋转，如图1.31所示。

图1.31

5 同时选中两个图形，单击属性栏中的【焊接】⬚按钮，将图形焊接，制作出星星图像。

6 选中星星图像，按住鼠标左键的同时拖动，再按鼠标右键将其复制，并将复制生成的新图像适当缩小，以同样方法再复制多份星星图像，如图1.32所示。

图1.32

7 单击工具箱中的【贝塞尔工具】✎按钮，绘制两个弯曲、细长的白色图形，如图1.33所示。

图1.33

1.2.3 制作节日元素图像

1 单击工具箱中的【矩形工具】☐按钮，绘制一个矩形，设置矩形为紫色（R:194，G:78，B:142），如图1.34所示。

2 单击工具箱中的【形状工具】✎按钮，拖动矩形右上角节点，增加矩形圆角，如图1.35所示。

图 1.34

图 1.35

③ 单击工具箱中的【矩形工具】□按钮，再次绘制一个矩形，设置矩形为浅紫色（R:243，G:179，B:205），如图 1.36 所示。

④ 单击工具箱中的【形状工具】按钮，以刚才同样的方法拖动矩形右上角节点，增加矩形圆角，如图 1.37 所示。

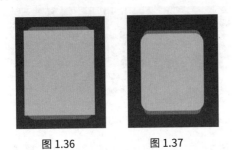
图 1.36   图 1.37

⑤ 单击工具箱中的【矩形工具】□按钮，绘制一个白色细长矩形，如图 1.38 所示。

⑥ 选中矩形，同时按住鼠标左键及 Shift 键向下方拖动，再按鼠标右键将其复制一份，如图 1.39 所示。

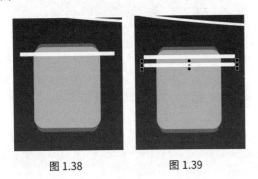
图 1.38   图 1.39

⑦ 按 Ctrl+D 组合键将其复制数份，如图 1.40 所示。

⑧ 选中所有白色长条矩形，单击鼠标右键，在弹出的菜单中选择【Power Clip 内部】选项，在其下方浅紫色图形上单击，将多余部分图形隐藏，如图 1.41 所示。

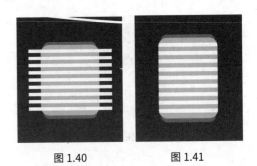
图 1.40   图 1.41

⑨ 单击工具箱中的【贝塞尔工具】按钮，绘制一条浅紫色（R:243，G:179，B:205）线段，制作灯笼图像，如图 1.42 所示。

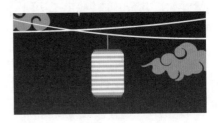
图 1.42

⑩ 同时选中线段及灯笼图像，将其复制多份并放在不同位置，如图 1.43 所示。

图 1.43

⑪ 单击工具箱中的【贝塞尔工具】按钮，绘制一个白色的小兔子，如图 1.44 所示。

⑫ 单击工具箱中的【椭圆形工具】○按钮，按住 Ctrl 键绘制一个黑色正圆作为眼睛，如图 1.45 所示。

图 1.44

图 1.45

图 1.46

13 同时选中小兔子及正圆图像,将其复制两份并放在不同位置,如图 1.46 所示。

14 打开【导入文件】对话框,选择"中秋节文字 .png"素材,单击【导入】按钮,将素材图像放在适当位置并缩小,至此,中秋节主题插画制作完成,最终效果如图 1.47 所示。

图 1.47

1.3 宁静乡村扁平插画设计

 实例说明

本例讲解宁静乡村扁平插画设计。本例的插画以突出乡村风格的简洁视觉效果为主,在设计过程中采用简单的图像及装饰元素,使得整个插画具有不错的视觉效果。最终效果如图 1.48 所示。

视频教学

图 1.48

関键步骤

◆ 绘制矩形及图形制作插画背景图像。
◆ 绘制线段及椭圆图形制作彩虹及电线杆等图像元素。
◆ 添加云朵图像及输入文字信息，完成最终效果制作。

难易程度：★ ★ ★ ☆ ☆
调用素材：无
源文件：第 1 章 \ 宁静乡村扁平插画设计 .cdr

操作步骤

1.3.1 绘制图形制作背景

1 单击工具箱中的【矩形工具】□按钮，绘制一个蓝色（R:189，G:222，B:226）矩形，如图 1.49 所示。

图 1.49

2 单击工具箱中的【贝塞尔工具】✐按钮，绘制一个图形。

3 单击工具箱中的【交互式填充工具】◈按钮，再单击属性栏中的【渐变填充】▨按钮，在图形上拖动，填充浅绿色（R:140，G:190，B:120）到深绿色（R:43，G:160，B:120）的线性渐变，如图 1.50 所示。

4 单击工具箱中的【椭圆形工具】○按钮，绘制一个红色（R:207，G:64，B:79）椭圆，如图 1.51 所示。

5 选中椭圆，按 Ctrl+C 组合键将其复制，再按 Ctrl+V 组合键将其粘贴，将粘贴的椭圆颜色更改为黑色后再等比缩小，如图 1.52 所示。

图 1.50

图 1.51

图 1.52

6 同时选中两个椭圆，单击属性栏中的【修剪】□按钮，再将黑色椭圆删除，如图 1.53 所示。

7 以同样方法再绘制多个不同颜色的类似椭圆图形，如图 1.54 所示。

8 单击工具箱中的【矩形工具】□按钮，绘制一个细长矩形并适当旋转。

9 单击工具箱中的【交互式填充工具】◈按钮，再单击属性栏中的【渐变填充】▨按钮，在图形上拖动，填充黄色（R:182，G:122，B:77）到深黄色（R:146，G:104，B:65）的线性渐变，如图 1.55 所示。

⑩ 选中矩形，按住鼠标左键的同时拖动，再按鼠标右键，将其复制一份，如图 1.56 所示。

图 1.53

图 1.54

图 1.55

图 1.56

⑪ 单击工具箱中的【贝塞尔工具】✐按钮，绘制一个黄色（R:246，G:235，B:114）三角形，如图 1.57 所示。

⑫ 选中三角形，按住鼠标左键的同时拖动，再按鼠标右键将其复制一份，再以同样方法将其复制多份，然后依次填充不同颜色，如图 1.58 所示。

图 1.57

图 1.58

1.3.2　添加场景细节元素

① 单击工具箱中的【贝塞尔工具】✐按钮，绘制一个不规则图形。

② 单击工具箱中的【交互式填充工具】◈按钮，再单击属性栏中的【渐变填充】▮按钮，在图形上拖动，填充深蓝色（R:105，G:186，B:188）到浅蓝色（R:187，G:221，B:226）的线性渐变。

③ 以同样方法再绘制数个类似图形并为其填充渐变，如图 1.59 所示。

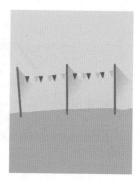
图 1.59

④ 单击工具箱中的【贝塞尔工具】✐按钮，绘制一个白色图形作为小房子墙壁。

⑤ 以同样方法再绘制数个类似图形，制作出小房子效果，如图 1.60 所示。

图 1.60

⑥ 单击工具箱中的【贝塞尔工具】✐按钮，绘制一个黄色（R:181，G:131，B:85）图形，制作篱笆图像，如图 1.61 所示。

图 1.61

7 再绘制一个黄色（R:181，G:131，B:85）图形，制作横向篱笆图像，如图 1.62 所示。

图 1.62

8 单击工具箱中的【椭圆形工具】〇按钮，绘制椭圆。

9 单击工具箱中的【交互式填充工具】◇按钮，再单击属性栏中的【渐变填充】■按钮，在图形上拖动，填充深绿色（R:44，G:160，B:119）到绿色（R:42，G:128，B:96）的线性渐变，如图 1.63 所示。

10 单击工具箱中的【贝塞尔工具】✏️按钮，绘制一个黄色（R:181，G:131，B:85）图形，制作树干，如图 1.64 所示。

图 1.63   图 1.64

11 同时选中椭圆及矩形（树干），按住鼠标左键的同时拖动，再按鼠标右键将其复制一份，并适当缩小图形，如图 1.65 所示。

图 1.65

12 单击工具箱中的【贝塞尔工具】✏️按钮，绘制一个白色云朵图形，如图 1.66 所示。

13 单击工具箱中的【贝塞尔工具】✏️按钮，绘制一个不规则图形。

14 单击工具箱中的【交互式填充工具】◇按钮，再单击属性栏中的【渐变填充】■按钮，在图形上拖动，填充蓝色（R:105，G:186，B:188）到浅蓝色（R:187，G:221，B:226）的线性渐变，如图 1.67 所示。

图 1.66   图 1.67

1.3.3 绘制热气球图像

1 单击工具箱中的【贝塞尔工具】✏️按钮，绘制一个图形。

2 单击工具箱中的【交互式填充工具】◇按钮，再单击属性栏中的【渐变填充】■按钮，在图形上拖动，填充红色（R:207，G:64，B:79）到深红色（R:133，G:45，B:59）的线性渐变，如图1.68所示。

③ 以同样方法再利用【贝塞尔工具】 按钮绘制热气球吊篮图像，如图1.69所示。

图 1.70

图 1.68　　　　　　图 1.69

④ 以同样方法再绘制数个类似图形，制作热气球及投影图像，如图1.70所示。

⑤ 单击工具箱中的【文本工具】字按钮，输入文字"宁静乡村"，设置【字体】为方正清刻本悦宋简体，至此，宁静乡村扁平插画制作完成，最终效果如图1.71所示。

图 1.71

1.4　科学竞赛季插画设计

 实例说明

本例讲解科学竞赛季插画设计。本例的设计以漂亮的科技插画图像作为主题视觉，以直观的文字信息表现独特的插画内容，设计过程相对比较简单。最终效果如图1.72所示。

视频教学

图 1.72

关键步骤

◆ 绘制矩形及线段图形制作插画背景。
◆ 绘制圆环图像为背景添加装饰效果。
◆ 输入文字信息并绘制装饰图形后再导入素材图像，完成最终效果制作。

难易程度：★★☆☆☆

调用素材：第 1 章\科学竞赛季插画设计

源文件：第 1 章\科学竞赛季插画设计 .cdr

操作步骤

1.4.1 制作插图背景

[1] 单击工具箱中的【矩形工具】□按钮，绘制一个青色（R:208，G:252，B:255）矩形，如图 1.73 所示。

图 1.73

[2] 单击工具箱中的【贝塞尔工具】✏按钮，在矩形靠左侧位置绘制一条线段，设置其【轮廓色】为蓝色（R:58，G:191，B:200），【轮廓宽度】为 12，以同样方法在右侧位置再绘制一条稍短线段，如图 1.74 所示。

图 1.74

[3] 单击工具箱中的【矩形工具】□按钮，在右上角位置绘制一个 L 形线框，设置其颜色为无，【轮廓色】为紫色（R:255，G:32，B:95），【轮廓宽度】为 40，如图 1.75 所示。

[4] 单击工具箱中的【贝塞尔工具】✏按钮，在刚才绘制的蓝色线段位置绘制一条倾斜线段，设置其【轮廓色】为紫色（R:255，G:32，B:95），【轮廓宽度】为 40，如图 1.76 所示。

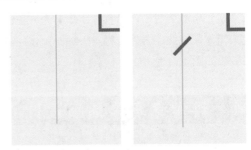

图 1.75　　　　图 1.76

[5] 单击工具箱中的【贝塞尔工具】✏按钮，在左侧蓝色线段附近绘制一个紫色（R:255，G:32，B:95）三角形，如图 1.77 所示。

[6] 选中图形，单击鼠标右键，在弹出的菜单中选择【Power Clip 内部】选项，在其下方青色矩形上单击，将多余部分图形隐藏，如图 1.78 所示。

[7] 单击工具箱中的【椭圆形工具】◯按钮，按住 Ctrl 键绘制一个正圆，设置其颜色为蓝色（R:58，G:191，B:200），如图 1.79 所示。

[8] 选中正圆，按住鼠标左键的同时拖动，再按鼠标右键将其复制一份，如图 1.80 所示。

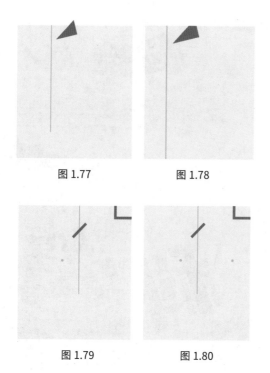

图1.77　　　　　图1.78

图1.79　　　　　图1.80

9 单击工具箱中的【混合工具】按钮，选中其中一个正圆图形向另外一个正圆图形上拖动，创建混合效果，在选项栏中将【调和对象】更改为10，如图1.81所示。

10 选中混合图形，按住鼠标左键的同时向下方拖动，再按鼠标右键将其复制一份，以同样方法将图形再复制数份，如图1.82所示。

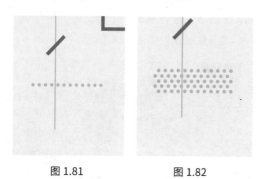

图1.81　　　　　图1.82

1.4.2　打造装饰图形

1 单击工具箱中的【椭圆形工具】按钮，

按住 Ctrl 键绘制一个正圆，设置其颜色为无，【轮廓色】为白色，【轮廓宽度】为8。

2 以同样方法在左侧蓝色线段位置再绘制一个【轮廓色】为白色，【轮廓宽度】为16的稍小正圆，如图1.83所示。

图1.83

3 以同样方法在其他位置绘制类似正圆图形，如图1.84所示。

图1.84

4 单击工具箱中的【贝塞尔工具】按钮，绘制一个深粉红色（R:255，G:32，B:95）三角形，如图1.85所示。

图1.85

⑤ 选中三角形，按 Ctrl+C 组合键将其复制，再按 Ctrl+V 组合键将其粘贴。

⑥ 将粘贴的三角形颜色更改为深红色（R:216，G:27，B:83），再将其等比缩小，如图 1.86 所示。

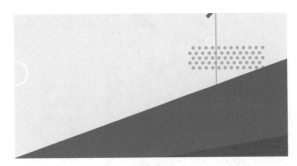

图 1.86

⑦ 单击工具箱中的【贝塞尔工具】 ⌁ 按钮，绘制一个蓝色（R:58，G:191，B:200）三角形，如图 1.87 所示。

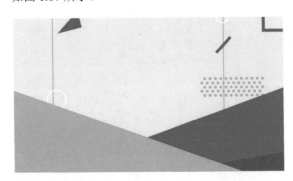

图 1.87

1.4.3 输入文字信息

① 单击工具箱中的【文本工具】字按钮，输入文字"科学竞赛季"，设置【字体】为 MStiffHei PRC，如图 1.88 所示。

② 单击工具箱中的【贝塞尔工具】 ⌁ 按钮，绘制一个橙色（R:233，G:86，B:42）三角形。

③ 以同样方法在其他位置绘制类似三角形，如图 1.89 所示。

图 1.88

图 1.89

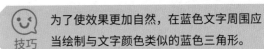 技巧 为了使效果更加自然，在蓝色文字周围应当绘制与文字颜色类似的蓝色三角形。

④ 打开【导入文件】对话框，选择"博士 .png"和"书包 .png"素材，单击【导入】按钮，将素材图像放在适当位置并缩放，至此，科学竞赛季插画制作完成，最终效果如图 1.90 所示。

图 1.90

1.5 课后上机实操

插画的设计重点在于通过图形与线条的结合制作出具有视觉冲击力的图形或者图像，整个设计过程需要注意色彩的搭配及合理运用，本章安排了两个课后上机实操，以供读者加深巩固本章所学知识点。

1.5.1 上机实操1——时尚波普风主题插画设计

 实例说明

时尚波普风主题插画设计，本例的设计可以漂亮的紫色和蓝色作为整个插画的主题色，通过导入波普风格人物素材图像，打造漂亮的主题插画效果，完成整个插画设计。最终效果如图1.91所示。

 关键步骤

◆ 绘制矩形及椭圆图形制作插画背景。

◆ 绘制线段制作网格图像，为背景添加装饰效果。

◆ 导入素材图像并绘制气泡对话图像。

◆ 绘制星形装饰元素，完成最终效果制作。

难易程度：★★☆☆☆

调用素材：第1章\时尚波普风主题插画设计

源文件：第1章\时尚波普风主题插画设计.cdr

 视频教学

图1.91

1.5.2 上机实操2——儿童主题插画设计

 实例说明

儿童主题插画设计，本例的设计以漂亮的卡通图像作为主视觉图像，整个制作过程比较简单。最终效果如图1.92所示。

 关键步骤

◆ 绘制图形并制作背景效果。

◆ 绘制图形制作出夸张嘴巴图像，并添加素材制作插画主视觉。

◆ 添加主题文字，完成最终效果制作。

难易程度：★★★☆☆

调用素材：第1章\儿童主题插画设计

源文件：第1章\儿童主题插画设计.cdr

 视频教学

图1.92

第 2 章

特效艺术字设计

内容摘要

本章主要讲解特效艺术字设计。本章在设计过程中以如何制作漂亮的特效艺术字为重点,列举了大量相关实例,如畅爽主题字设计、质感梦想艺术字设计、冰凉夏季艺术字设计、周年纪念主题字设计、520主题字设计、时尚发艺主题字设计、水果茶主题字设计等实例,通过对这些实例的学习,读者可以基本掌握艺术字设计的相关知识。

教学目标

◎ 了解畅爽主题字设计知识　　　　　　　◎ 学习质感梦想艺术字设计知识

◎ 掌握时尚发艺主题字设计技巧　　　　　◎ 学会设计水果茶主题字

2.1　制作折扣组合字

 实例说明

　　本例讲解折扣组合字制作。本例中字体在制作过程中以数字作为主视觉图像，将醒目的百分比数字与直观的信息相结合，同时再以碎片化图形作为装饰，制作过程比较简单。最终效果如图 2.1 所示。

视频教学

图 2.1

 关键步骤

◆ 绘制矩形并填充渐变。
◆ 对文字进行调整并修剪图形，完成主题字视觉效果制作。

难易程度：★★☆☆☆

调用素材：无

源文件：第 2 章 \ 制作折扣组合字 .cdr

▶ **操作步骤**

　　① 单击工具箱中的【矩形工具】□ 按钮，绘制一个矩形，设置【轮廓色】为无。

　　② 单击工具箱中的【交互式填充工具】◇ 按钮，再单击属性栏中的【渐变填充】▨ 按钮，在图形上拖动，填充黄色（R:204，G:227，B:61）到绿色（R:138，G:194，B:63）的椭圆形渐变，如图 2.2 所示。

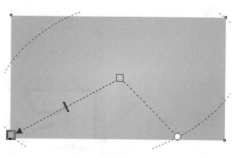

图 2.2

　　③ 单击工具箱中的【文本工具】**字** 按钮，在合适位置输入文字（Leelawadee），如图 2.3 所示。

图 2.3

4 在文字上单击鼠标右键，从弹出的快捷菜单中选择【转换为曲线】选项，如图 2.4 所示。

5 单击工具箱中的【形状工具】按钮，拖动文字部分节点将其变形，如图 2.5 所示。

图 2.4   图 2.5

6 单击工具箱中的【椭圆形工具】○按钮，在文字右侧位置按住 Ctrl 键绘制一个正圆，设置【填充】为无，【轮廓色】为白色，【轮廓宽度】为 10，如图 2.6 所示。

7 选中文字，在【轮廓笔】对话框中，将【宽度】更改为 2，【颜色】更改为黑色，单击【外部轮廓】按钮，为文字添加描边，如图 2.7 所示。

图 2.6   图 2.7

8 选中文字和圆形，执行菜单栏中的【对象】|【将轮廓转换为对象】命令，将描边与文字分离，单击工具箱中的【矩形工具】□按钮，在文字上半部分位置绘制一个矩形，如图 2.8 所示。

9 同时选中矩形及描边图形，单击属性栏中的【修剪】按钮，对图形进行修剪，再将不需要的图形删除，如图 2.9 所示。

图 2.8   图 2.9

10 将文字和描边调整到圆形的上方，同时选中文字、描边及正圆，单击属性栏中的【修剪】按钮，对正圆进行修剪，再将不需要的图形删除，如图 2.10 所示。

11 单击工具箱中的【形状工具】按钮，拖动文字右上角与正圆接触的节点，如图 2.11 所示。

图 2.10   图 2.11

12 单击工具箱中的【贝塞尔工具】按钮，绘制一个三角形，设置【填充】为绿色（R:172，G:211，B:62），【轮廓色】为无，如图 2.12 所示。

13 选中图形，单击工具箱中的【透明度工具】按钮，在图形上拖动降低透明度，如图 2.13 所示。

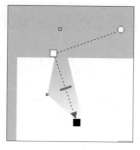

图 2.12　　　　　图 2.13

14 选中三角形，执行菜单栏中的【对象】|【PowerClip】|【置于图文框内部】命令，将图形放置到文字内部，如图 2.14 所示。

15 将图形复制多份，并将其旋转或者缩放，如图 2.15 所示。

图 2.14　　　　　图 2.15

16 单击工具箱中的【文本工具】字按钮，输入文字（Leelawadee 粗体），如图 2.16 所示。

图 2.16

17 单击工具箱中的【贝塞尔工具】按钮，在文字右下角绘制一个不规则图形，设置【填充】

为绿色（R:118，G:165，B:37），【轮廓色】为无，如图 2.17 所示。

18 选中图形，单击工具箱中的【透明度工具】按钮，在图形上拖动降低透明度，如图 2.18 所示。

图 2.17　　　　　图 2.18

19 执行菜单栏中的【对象】|【PowerClip】|【置于图文框内部】命令，将阴影图形放置到下方矩形内部，如图 2.19 所示。

图 2.19

20 单击工具箱中的【文本工具】字按钮，输入文字（方正兰亭中粗黑 _GBK），至此，折扣组合字制作完成，最终效果如图 2.20 所示。

图 2.20

2.2 制作 TOP 文字组合艺术字

 实例说明

本例讲解 TOP 文字组合艺术字制作。本例中字体以 TOP 排行为主题,通过简单的文字结合完美地表现出艺术字特征。最终效果如图 2.21 所示。

图 2.21

视频教学

 关键步骤

输入文字,并通过修剪图形进行变形。

难易程度:★★☆☆☆

调用素材:无

源文件:第 2 章 \ 制作 TOP 文字组合艺术字 .cdr

操作步骤

1 单击工具箱中的【文本工具】**字**按钮,输入文字(方正姚体、Impact),如图 2.22 所示。

2 单击工具箱中的【矩形工具】□按钮,绘制一个矩形,如图 2.23 所示。

3 同时选中矩形及其下方文字,单击属性栏中的【修剪】□按钮,对图形进行修剪,再将不需要的图形删除,如图 2.24 所示。

4 以同样方法绘制一条横向矩形,如图 2.25 所示。

图 2.22   图 2.23

图 2.24   图 2.25

5 以同样方法选中矩形及其下方文字，单击属性栏中的【修剪】 按钮，对图形进行修剪，再将不需要的图形删除，如图 2.26 所示。

6 单击工具箱中的【文本工具】字按钮，输入文字（方正兰亭黑_GBK），如图 2.27 所示。

图 2.26   图 2.27

7 单击工具箱中的【矩形工具】 按钮，在"P"字母右上角绘制一个矩形，同时选中矩形及其下方字母，单击属性栏中的【合并】 按钮，将图形合并，如图 2.28 所示。

8 单击工具箱中的【星形工具】☆按钮，在"P"字母位置按住 Ctrl 键绘制一个星形，设置【边数】为 5，【锐度】为 50，如图 2.29 所示。

图 2.28   图 2.29

9 同时选中星形及其下方字母，单击属性栏中的【修剪】 按钮，对图形进行修剪，再将不需要的星形删除，至此，TOP 文字组合艺术字制作完成，最终效果如图 2.30 所示。

图 2.30

2.3 畅爽主题字设计

 实例说明

本例讲解畅爽主题字设计。本例设计以漂亮的背景结合泡泡装饰元素，使得整个主题字具有很强的艺术效果。最终效果如图 2.31 所示。

图 2.31

视频教学

关键步骤

◆ 绘制图形制作文字轮廓装饰图形。

◆ 对文字进行复制处理并修剪图形，完成主题字视觉效果制作。

◆ 绘制装饰图形，完成整个主题字设计。

难易程度：★★☆☆☆

调用素材：第 2 章 \ 畅爽主题字设计

源文件：第 2 章 \ 畅爽主题字设计 .cdr

操作步骤

2.3.1　输入文字

　　① 打开【导入文件】对话框，选择"背景 .jpg"
素材，单击【导入】按钮，将素材图像放在适当位置。

　　② 单击工具箱中的【文本工具】**字**按钮，
输入文字，设置【字体】为芝加哥正特黑体，如
图 2.32 所示。

　　③ 双击文字，将光标移至左侧中间控制点
后按住鼠标左键并向上拖动，将其斜切，如图 2.33
所示。

　　④ 选中文字，按住鼠标左键的同时向下方
拖动，再按鼠标右键将其复制一份，如图 2.34 所示。

　　⑤ 更改复制生成的文字信息，如图 2.35
所示。

图 2.32

图 2.33

图 2.34

图 2.35

6 选中所有文字，按 Ctrl+C 组合键将其复制，再将文字填充颜色更改为无，将【轮廓色】更改为白色，将【轮廓宽度】更改为1。

7 按 Ctrl+V 组合键粘贴文字，将粘贴的文字向上适当移动，制作出文字厚度效果，如图 2.36 所示。

图 2.36

2.3.2 制作装饰图形

1 单击工具箱中的【贝塞尔工具】 按钮，沿文字边缘绘制一个红色（R:124，G:0，B:0）不规则图形，如图 2.37 所示。

2 选中不规则图形，按 Ctrl+C 组合键将其复制，再按 Ctrl+V 组合键将其粘贴。

3 将粘贴的图形颜色更改为白色，再单击工具箱中的【形状工具】 按钮，拖动白色图形节点，对图形进行调整，如图 2.38 所示。

图 2.37   图 2.38

4 选中白色文字，将其更改为黑色，如

图 2.39 所示。

5 单击工具箱中的【贝塞尔工具】 按钮，沿文字边缘绘制一个黑色线框，如图 2.40 所示。

图 2.39   图 2.40

6 同时选中线框及其下方白色图形，单击属性栏中的【修剪】 按钮，再将线框删除，如图 2.41 所示。

7 将文字颜色更改为白色，如图 2.42 所示。

图 2.41   图 2.42

8 单击工具箱中的【椭圆形工具】 按钮，在文字左下角位置按住 Ctrl 键绘制一个正圆，设置其颜色为无，【轮廓色】为白色，【轮廓宽度】为2，如图 2.43 所示。

9 选中正圆图形，按住鼠标左键的同时拖动，再按鼠标右键将其复制一份，将复制生成的图形颜色更改为白色，再将其等比缩小，如图 2.44 所示。

图 2.43　　　　　　图 2.44

图 2.45 所示。

图 2.45

 以同样的方法将图形再复制数份，并适当缩放，至此，畅爽主题字制作完成，最终效果如

2.4　质感梦想艺术字设计

实例说明

本例讲解质感梦想艺术字设计。本例中的艺术字制作比较简单，以漂亮的渐变颜色及独特的图文结合形式表现出漂亮的质感梦想艺术字效果。最终效果如图 2.46 所示。

视频教学

图 2.46

关键步骤

◆ 导入素材图像并输入文字信息。

◆ 对文字进行变形处理，再为图文添加渐变颜色及阴影，完成最终效果制作。

难易程度：★★☆☆☆

调用素材：第 2 章\质感梦想艺术字设计

源文件：第 2 章\质感梦想艺术字设计 .cdr

操作步骤

2.4.1 添加文字信息

1️⃣ 打开【导入文件】对话框,选择"背景.jpg"素材,单击【导入】按钮,将素材图像放在适当位置。

2️⃣ 单击工具箱中的【文本工具】**字**按钮,输入文字,设置【字体】为MStiffHei PRC,如图2.47所示。

图 2.47

3️⃣ 选中文字,执行菜单栏中的【对象】|【转换为曲线】命令,将其转换成曲线。

4️⃣ 单击工具箱中的【形状工具】按钮,对文字进行变形操作,如图2.48所示。

图 2.48

5️⃣ 单击工具箱中的【矩形工具】□按钮,绘制一个矩形,设置矩形颜色为无,【轮廓色】为白色,【轮廓宽度】为20,如图2.49所示。

6️⃣ 选中矩形,在选项栏中的【旋转角度】中输入45,将矩形旋转,如图2.50所示。

7️⃣ 选中矩形,执行菜单栏中的【对象】|【转换为曲线】命令。然后单击工具箱中的【形状工具】按钮,选中矩形顶部节点,将其删除,如图2.51所示。

图 2.49　　　　　　图 2.50

图 2.51

8️⃣ 选中三角形,按 Ctrl+C 组合键将其复制,再按 Ctrl+V 组合键将其粘贴。

9️⃣ 单击属性栏中的【垂直镜像】按钮,对图形进行垂直翻转,如图2.52所示。

🔟 将复制的三角形等比缩小后移至原三角形顶部,如图2.53所示。

图 2.52　　　　　　图 2.53

2.4.2 处理图形及文字

1️⃣ 单击工具箱中的【矩形工具】□按钮,在文字位置绘制一个黑色矩形框,如图2.54所示。

2️⃣ 选中三角形,执行菜单栏中的【对象】|【将

轮廓转换为对象】命令，同时选中黑色矩形框及三角形，单击属性栏中的【修剪】 ⬚ 按钮，再将黑色矩形框删除，如图 2.55 所示。

G：255，B：251）的线性渐变，如图 2.58 所示。

6 单击工具箱中的【阴影工具】 ⬚ 按钮，在图文上拖动添加阴影，在选项栏中将【阴影羽化】更改为 5，至此，质感梦想艺术字制作完成，最终效果如图 2.59 所示。

图 2.54   图 2.55

3 单击工具箱中的【星形工具】 ☆ 按钮，绘制一个白色五角星，如图 2.56 所示。

4 选中五角星，按住鼠标左键及 Shift 键的同时向右侧拖动，再按鼠标右键将其复制一份，按 Ctrl+D 组合键将其再复制两份，如图 2.57 所示。

5 同时选中所有图形及文字，单击工具箱中的【交互式填充工具】 ◇ 按钮，再单击属性栏中的【渐变填充】 ▨ 按钮，在图形和文字上拖动，填充黄色（R：234，G：160，B：89）到浅黄色（R：255，

图 2.56   图 2.57

图 2.58   图 2.59

2.5　冰凉夏季艺术字设计

 实例说明

本例讲解冰凉夏季艺术字设计。本例中的艺术字设计比较简单，重点在于对文字的变形处理，通过拖动文字节点进行变形。最终效果如图 2.60 所示。

视频教学

图 2.60

关键步骤

◆ 导入背景素材图像作为艺术字背景。
◆ 输入文字并将文字转为曲线后再进行变形，完成最终效果制作。

难易程度：★★☆☆☆
调用素材：第 2 章 \ 冰凉夏季艺术字设计
源文件：第 2 章 \ 冰凉夏季艺术字设计 .cdr

操作步骤

2.5.1　制作文字轮廓

① 打开【导入文件】对话框，选择"背景 .jpg"素材，单击【导入】按钮，将素材图像放在适当位置。

② 单击工具箱中的【文本工具】**字**按钮，输入文字，设置【字体】为 MStiffHei PRC，如图 2.61 所示。

图 2.61

输入文字时可分别输入单个文字，这样方便对文字进行变形操作。

③ 双击文字，将光标移至顶部中间控制点后按住鼠标左键进行拖动，将其斜切，如图 2.62 所示。

④ 选中文字，执行菜单栏中的【对象】|【转换为曲线】命令。

⑤ 单击工具箱中的【形状工具】按钮，拖动节点将文字进行变形处理，如图 2.63 所示。

技巧 在对文字进行变形处理时，可通过删除或者增加节点的方式进行快速变形处理。

图 2.62　　　　　　图 2.63

⑥ 选中经过变形的文字，将其适当移动，使文字间距更加协调，如图 2.64 所示。

⑦ 同时选中所有文字，单击属性栏中的【焊接】按钮，将其焊接，如图 2.65 所示。

图 2.64　　　　　　图 2.65

2.5.2　为文字添加渐变颜色

① 单击工具箱中的【交互式填充工具】按钮，再单击属性栏中的【渐变填充】按钮，在文字上拖动，填充蓝色（R:0，G:174，B:255）到

浅蓝色（R:161，G:236，B:255）的径向渐变，如图 2.66 所示。

2 选中文字，单击工具箱中的【阴影工具】按钮，在文字上拖动为其添加阴影效果，在选项栏中将【合并模式】更改为常规，【阴影不透明度】更改为 20，【阴影羽化】更改为 0，如图 2.67 所示。

 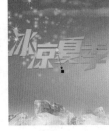

图 2.66 　　　　　 图 2.67

3 单击工具箱中的【贝塞尔工具】按钮，绘制一个白色图形，设置【轮廓色】为蓝色（R:2，G:104，B:172），【轮廓宽度】为 8，至此，冰凉夏季艺术字制作完成，最终效果如图 2.68 所示。

图 2.68

2.6　周年纪念主题字设计

实例说明

本例讲解周年纪念主题字设计。本例的设计以漂亮的金黄色主题背景搭配金质艺术字，整个字体具有很强的艺术表现力，通过使用渐变颜色及绘制装饰图形，很好地呈现了字体的视觉效果。最终效果如图 2.69 所示。

视频教学

图 2.69

关键步骤

◆ 导入背景素材图像作为艺术字背景。

◆ 绘制图形制作出数字效果，输入文字并对文字进行变形，完成最终效果制作。

难易程度：★★★☆☆

调用素材：第 2 章 \ 周年纪念主题字设计

源文件：第 2 章 \ 周年纪念主题字设计 .cdr

操作步骤

2.6.1 打造图形文字

① 打开【导入文件】对话框，选择"背景 .jpg"素材，单击【导入】按钮，将素材图像放在适当位置。

② 单击工具箱中的【矩形工具】□按钮，绘制一个白色矩形，如图 2.70 所示。

③ 单击工具箱中的【形状工具】按钮，拖动矩形右上角节点，制作出圆角矩形效果，如图 2.71 所示。

图 2.70　　　　图 2.71

④ 单击工具箱中的【椭圆形工具】○按钮，按住 Ctrl 键绘制一个白色正圆，如图 2.72 所示。

⑤ 选中正圆，按 Ctrl+C 组合键将其复制，再按 Ctrl+V 组合键将其粘贴，将粘贴的正圆颜色更改为黑色，再将其等比缩小，如图 2.73 所示。

⑥ 同时选中两个正圆，单击属性栏中的【修剪】按钮，再将黑色正圆删除，如图 2.74 所示。

⑦ 单击工具箱中的【交互式填充工具】

按钮，再单击属性栏中的【渐变填充】按钮，在图形上拖动，填充浅黄色（R：255，G：243，B：214）到黄色（R：219，G：170，B：55）的线性渐变，如图 2.75 所示。

图 2.72　　　　图 2.73

图 2.74　　　　图 2.75

⑧ 选中圆角矩形，按住鼠标左键的同时向右下角方向拖动，再按鼠标右键，将其复制一份，将其渐变填充修改为相反的方向，如图 2.76 所示。

⑨ 选中复制的图形，单击鼠标右键，在弹出的菜单中选择【Power Clip 内部】选项，在其下方图形上单击，将多余部分图形隐藏，如图 2.77 所示。

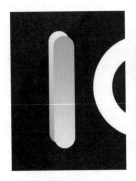 

图 2.76　　　　　　图 2.77

10 选中正圆，将其填充为与矩形相同的渐变，按 Ctrl+C 组合键将其复制，再按 Ctrl+V 组合键将其粘贴。

11 将粘贴的正圆适当旋转，如图 2.78 所示。

图 2.78

12 单击工具箱中的【椭圆形工具】◯按钮，按住 Ctrl 键绘制一个正圆线框。

13 同时选中正圆线框及其下方正圆，单击属性栏中的【修剪】🖫按钮，再将正圆线框删除，如图 2.79 所示。

图 2.79

2.6.2　输入文字信息

1 单击工具箱中的【文本工具】**字**按钮，输入文字，设置【字体】为方正清刻本悦宋简体，如图 2.80 所示。

2 单击工具箱中的【贝塞尔工具】🖊按钮，绘制一个白色图形，如图 2.81 所示。

图 2.80　　　　　　图 2.81

3 单击工具箱中的【交互式填充工具】◈按钮，再单击属性栏中的【渐变填充】▮按钮，在图形上拖动，填充黄色（R:255，G:213，B:115）到白色的线性渐变，如图 2.82 所示。

4 单击工具箱中的【形状工具】🖉按钮，拖动"周"字左侧部分节点，将文字变形，使其与图形融为一体，如图 2.83 所示。

图 2.82　　　　　　图 2.83

5 单击工具箱中的【形状工具】🖉按钮，再次拖动"年"字部分节点，将文字适当变形，如图 2.84 所示。

图 2.84

至此，周年纪念主题字制作完成，最终效果如图2.85所示。

图 2.85

6 单击工具箱中的【贝塞尔工具】 按钮，再次绘制一个丝带图形，并为图形填充相似渐变，

2.7 520 主题字设计

 实例说明

本例讲解 520 主题字设计。本例设计以漂亮的数字作为主题视觉效果，通过对文字进行立体化处理并绘制装饰图形，完成整个主题文字设计。最终效果如图 2.86 所示。

 视频教学

图 2.86

 关键步骤

◆ 导入背景素材图像作为艺术字背景。

◆ 输入文字并制作文字倒影效果。

◆ 复制文字并对文字进行处理，制作出立体文字效果。

◆ 绘制图形并输入文字，完成整个主题字设计。

难易程度：★★☆☆☆

调用素材：第 2 章 \520 主题字设计

源文件：第 2 章 \520 主题字设计 .cdr

![操作步骤图标] 操作步骤

2.7.1　输入文字信息

①　打开【导入文件】对话框,选择"背景.jpg"素材,单击【导入】按钮,将素材图像放在适当位置。

②　单击工具箱中的【文本工具】**字**按钮,输入文字,设置【字体】为苹方特粗,如图2.87所示。

③　选中文字,按 Ctrl+C 组合键将其复制,再次选中文字,执行菜单栏中的【位图】|【转换为位图】命令。

④　执行菜单栏中的【效果】|【模糊】|【高斯式模糊】命令,在弹出的对话框中将【半径】更改为15,完成之后单击 OK 按钮,如图2.88所示。

图 2.87　　　　　图 2.88

⑤　选中素材图像,单击工具箱中的【透明度工具】![透明度图标]按钮,在属性栏中将【合并模式】更改为柔光,【透明度】更改为50,如图2.89所示。

图 2.89

⑥　双击文字,将其拖动变形,然后按 Ctrl+V 组合键粘贴文字,并将粘贴的文字颜色更改

为蓝色(R: 131, G: 204, B: 210),如图2.90所示。

图 2.90

⑦　再按 Ctrl+V 组合键将其粘贴,将粘贴的文字颜色更改为白色,如图2.91所示。

⑧　单击工具箱中的【轮廓图】![轮廓图标]按钮,在文字上拖动添加轮廓图效果,在属性栏中将【填充色】更改为蓝色(R:131, G:204, B:210),如图2.92所示。

图 2.91　　　　　图 2.92

2.7.2　绘制图形

①　单击工具箱中的【矩形工具】![矩形图标]按钮,绘制一个矩形。

②　单击工具箱中的【交互式填充工具】![图标]按钮,再单击属性栏中的【渐变填充】![图标]按钮,在矩形上拖动,填充蓝色(R:171, G:213, B:216)到浅蓝色(R:227,G:249,B:255)再到蓝色(R:171, G:213, B:216)的线性渐变,如图2.93所示。

③　选中矩形,按 Ctrl+C 组合键将其复制,再按 Ctrl+V 组合键将其粘贴,将粘贴的矩形宽度缩小并平移至左侧位置,如图2.94所示。

图 2.93 　　　　　　　图 2.94

图 2.97 　　　　　　　图 2.98

4 单击工具箱中的【矩形工具】□按钮，按住 Ctrl 键绘制一个正方形线框。

5 选中线框，在选项栏中的【旋转角度】中输入 45，将线框旋转，如图 2.95 所示。

6 同时选中线框与矩形两个图形，单击属性栏中的【修剪】🖺按钮，再将线框删除，如图 2.96 所示。

11 单击工具箱中的【文本工具】**字**按钮，输入文字，设置【字体】为苹方，如图 2.99 所示。

12 选中文字，单击工具箱中的【阴影工具】□按钮，以刚才同样的方法为文字添加阴影效果，如图 2.100 所示。

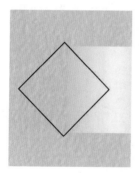

图 2.95 　　　　　　　图 2.96

图 2.99 　　　　　　　图 2.100

7 选中图形，按住鼠标左键的同时向右侧拖动，再按鼠标右键将其复制一份。

8 单击属性栏中的【水平镜像】🔄按钮，对图形进行水平翻转，再将图形适当移动，如图 2.97 所示。

9 选中 3 个图形，单击鼠标右键，在弹出的菜单中选择【组合】选项。

10 选中图形，单击工具箱中的【阴影工具】□按钮，在图像上拖动为其添加阴影效果，在选项栏中将【合并模式】更改为叠加，【阴影不透明度】更改为 50，【阴影羽化】更改为 0，如图 2.98 所示。

13 单击工具箱中的【贝塞尔工具】✒按钮，绘制一个心形图形，如图 2.101 所示。

14 以刚才同样方法为心形添加阴影效果，如图 2.102 所示。

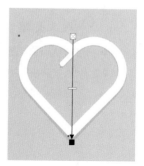

图 2.101 　　　　　　　图 2.102

15 选中心形图形，按住鼠标左键的同时向右侧平移拖动，再按鼠标右键将其复制一份，至此，520 主题字制作完成，最终效果如图 2.103 所示。

图 2.103

2.8 时尚发艺主题字设计

 实例说明

本例讲解时尚发艺主题字设计。本例设计过程较为简单，通过对文字进行变形处理完成整个主题字设计。最终效果如图 2.104 所示。

视频教学

图 2.104

关键步骤

◆ 导入背景素材图像作为艺术字背景。

◆ 输入文字并制作文字变形效果，完成整个主题字设计。

难易程度：★☆☆☆☆

调用素材：第 2 章 \ 时尚发艺主题字设计

源文件：第 2 章 \ 时尚发艺主题字设计 .cdr

操作步骤

2.8.1 输入文字信息

① 打开【导入文件】对话框,选择"背景.jpg"素材,单击【导入】按钮,将素材图像放在适当位置。

② 单击工具箱中的【文本工具】**字**按钮,输入文字,设置【字体】为张楷山锐楷体,如图2.105所示。

③ 选中文字,执行菜单栏中的【对象】|【转换为曲线】命令,如图2.106所示。

图 2.105　　　　　图 2.106

2.8.2 将文字变形处理

① 单击工具箱中的【贝塞尔工具】按钮,拖动文字节点,将文字变形,如图2.107所示。

② 单击工具箱中的【贝塞尔工具】按钮,绘制一个黑色三角形,并将三角形复制一份,然后进行等比缩小及旋转,如图2.108所示。

③ 单击工具箱中的【贝塞尔工具】按钮,在"时"字适当位置绘制红色(R:190,G:30,B:45)

图形,并更改图形前后顺序,如图2.109所示。

图 2.107　　　　　图 2.108

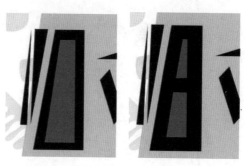

图 2.109

④ 以同样方法在其他几个文字类似位置绘制红色图形,将空缺位置补充完整,至此,时尚发艺主题字制作完成,最终效果如图2.110所示。

图 2.110

2.9 水果茶主题字设计

实例说明

本例讲解水果茶主题字设计。本例的设计以漂亮的艺术字及图形作为视觉主题,通过对文字进行修剪处理并添加装饰元素，完成主题字设计。最终效果如图 2.111 所示。

图 2.111

关键步骤

◆ 绘制装饰图形并对图形进行处理。

◆ 输入文字并添加装饰元素，完成最终效果制作。

难易程度：★★☆☆☆

调用素材：第 2 章 \ 水果茶主题字设计

源文件：第 2 章 \ 水果茶主题字设计 .cdr

操作步骤

2.9.1 绘制装饰图形

1 打开【导入文件】对话框，选择"背景 .jpg"素材，单击【导入】按钮，将素材图像放在适当位置。

2 单击工具箱中的【椭圆形工具】按钮，按住 Ctrl 键绘制一个正圆，设置其颜色为无，【轮廓宽度】为 2，【轮廓色】为绿色（R:163，G:198，B:60），如图 2.112 所示。

3 选中正圆，按 Ctrl+C 组合键将其复制，再按 Ctrl+V 组合键将其粘贴，将粘贴的正圆颜色更改为绿色（R:163，G:198，B:60），轮廓为无，

再将其等比缩小，如图 2.113 所示。

图 2.112   图 2.113

4 单击工具箱中的【形状工具】按钮，选中大正圆轮廓节点拖动，对图形进行调整，如图 2.114 所示。

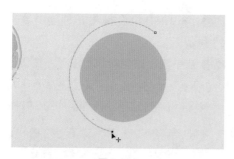

图 2.114

2.9.2 输入文字并做变形处理

1️⃣ 单击工具箱中的【文本工具】**字**按钮，输入文字，设置【字体】为方正清刻本悦宋简体，如图 2.115 所示。

2️⃣ 选中所有文字，执行菜单栏中的【对象】|【转换为曲线】命令，如图 2.116 所示。

图 2.115 图 2.116

3️⃣ 单击工具箱中的【矩形工具】□按钮，绘制一个黑色矩形，如图 2.117 所示。

4️⃣ 同时选中文字及矩形，单击属性栏中的【修剪】按钮，再将矩形删除，如图 2.118 所示。

图 2.117 图 2.118

5️⃣ 单击工具箱中的【贝塞尔工具】按钮，在"果"字上半部分绘制一个不规则图形，如图 2.119 所示。

6️⃣ 以刚才同样的方法对其进行修剪，如图 2.120 所示。

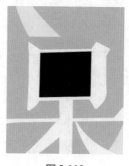

图 2.119 图 2.120

7️⃣ 单击工具箱中的【形状工具】按钮，选中"茶"字部分结构并将其删除，如图 2.121 所示。

图 2.121

2.9.3 添加水果装饰元素

1️⃣ 单击工具箱中的【椭圆形工具】○按钮，按住 Ctrl 键绘制一个正圆，设置其颜色为黄色（R:248，G:255，B:36），【轮廓宽度】为 3，【轮廓色】为橙色（R:255，G:174，B:0），如图 2.122 所示。

2️⃣ 单击工具箱中的【贝塞尔工具】按钮，绘制一个橙色（R:255，G:174，B:0）不规则图形，如图 2.123 所示。

图 2.122　　　　　图 2.123

3 在正圆位置分别创建水平及垂直两条辅助线,并且使辅助线交点与正圆中心对齐,如图 2.124 所示。

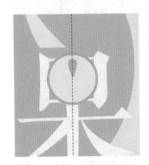 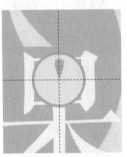

图 2.124

> 😊 **技巧** 按 Alt+Shift+R 组合键可快速显示标尺。

4 在不规则图形上双击,并将其下端中心点移至辅助线交叉点位置,如图 2.125 所示。

5 按住鼠标左键旋转一定角度,再按下鼠标右键将图形复制一份,如图 2.126 所示。

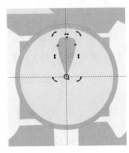 

图 2.125　　　　　图 2.126

6 按 Ctrl+D 组合键将其再复制数份,如图 2.127 所示。

7 选中刚才绘制的几个图形,按住鼠标左键的同时向下方拖动,直至"茶"文字右下角空缺位置,再按鼠标右键将其复制一份,如图 2.128 所示。

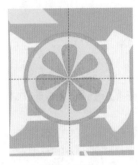 

图 2.127　　　　　图 2.128

8 单击工具箱中的【贝塞尔工具】按钮,绘制一个绿色(R:179,G:225,B:157)树叶图形,轮廓为默认,如图 2.129 所示。

9 在图形上半部分再绘制一个黑色图形,如图 2.130 所示。

 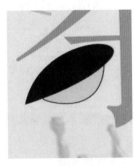

图 2.129　　　　　图 2.130

10 选中黑色图形,单击工具箱中的【透明度工具】按钮,在选项栏中将【合并模式】更改为叠加,如图 2.131 所示。

11 选中黑色图形,单击鼠标右键,在弹出的菜单中选择【Power Clip 内部】选项,在其下方树叶图形上单击,将多余部分图像隐藏,如图 2.132 所示。

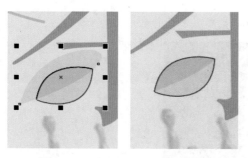

图 2.131　　　　　图 2.132

12 单击工具箱中的【贝塞尔工具】 按钮，绘制一条黑色线段，【轮廓宽度】设置为默认，如图 2.133 所示。

13 打开【导入文件】对话框，选择"柠檬.png"素材，单击【导入】按钮，将素材图像放在适当位置，如图 2.134 所示。

图 2.133　　　　　图 2.134

14 单击工具箱中的【文本工具】字 按钮，输入文字，设置【字体】为方正清刻本悦宋简体，

如图 2.135 所示。

15 单击工具箱中的【贝塞尔工具】 按钮，绘制一条黄色（R:248，G:255，B:36）线段，【轮廓宽度】为 2，如图 2.136 所示。

图 2.135　　　　　图 2.136

16 将绘制的线段复制数份并将部分线段适当缩小，至此，水果茶主题字制作完成，最终效果如图 2.137 所示。

图 2.137

2.10　课后上机实操

平面变形艺术字以字体设计为重点，通过输入普通的文字，并将其变形或添加相关装饰图形元素，使之成为一款漂亮的艺术字。本章安排了两个课后上机实操，请读者多加练习。

2.10.1　上机实操 1——制作立体特效字

 实例说明

立体特效字制作，此款立体字在制作过程中可以普通的平面化字体为基础，将文字复制并通过绘制图形的方法将其连接，整体视觉效果不错，制作过程比较简单。最终效果如图 2.138 所示。

视频教学

图 2.138

 关键步骤

◆ 输入文字并通过错位放置制作立体字。

◆ 通过绘制不同连接处的图形，加深立体字效果。

难易程度：★★★☆☆

调用素材：无

源文件：第 2 章 \ 制作立体特效字 .cdr

2.10.2　上机实操 2——制作时尚爆炸字

 实例说明

时尚爆炸字制作，此款字体可以时尚元素为主视觉，为绘制的星形添加变形效果，并绘制装饰元素。最终效果如图 2.139 所示。

视频教学

图 2.139

 关键步骤

◆ 绘制星形并通过变形制作出爆炸形状。

◆ 添加文字并封套变形。

难易程度：★★★☆☆

调用素材：无

源文件：第 2 章 \ 制作时尚爆炸字 .cdr

第 3 章

实用 logo 标志设计

内容摘要

本章主要讲解实用 logo 标志设计。logo 标志作为平面设计中非常重要的部分，通过 logo 或者标志可以让人们观察到产品或者品牌所传递的信息，本章中列举了 BBQ 烧烤标志设计、生态农业标志设计、未来科技标志设计、卡通熊猫标志设计及沙滩风情标志设计等实例，通过对这些实例的实战学习，读者可以掌握实用 logo 标志设计相关的专业知识。

教学目标

◎ 了解 BBQ 烧烤标志设计技法　　　　　　　◎ 学习生态农业标志设计标准

◎ 掌握未来科技标志设计知识　　　　　　　◎ 学会卡通熊猫标志设计技巧

3.1 BBQ 烧烤标志设计

 实例说明

　　本例讲解 BBQ 烧烤标志设计。本例的设计以烧烤元素图形为主，通过图形的结合及文字信息的搭配，完成最终效果设计。最终效果如图 3.1 所示。

视频教学

图 3.1

 关键步骤

　　◆　输入文字并对文字进行变形处理。

　　◆　绘制烧烤用具图像并添加装饰元素，完成最终效果制作。

难易程度：★★☆☆☆

调用素材：第 3 章 \BBQ 烧烤标志设计

源文件：第 3 章 \BBQ 烧烤标志设计 .cdr

 操作步骤

3.1.1 输入文字

　　1 单击工具箱中的【文本工具】**字**按钮，输入文字，设置【字体】为 Franklin Gothic Heavy，如图 3.2 所示。

　　2 选中文字，执行菜单栏中的【对象】|【转换为曲线】命令，如图 3.3 所示。

图 3.2　　　　　　图 3.3

③ 单击工具箱中的【贝塞尔工具】 按钮，在最左侧字母位置绘制一个白色三角形，如图 3.4 所示。

④ 选中三角形，按住鼠标左键及 Shift 键的同时向右侧拖动，再按鼠标右键将其复制 1 份，按 Ctrl+D 组合键将其再复制一份，如图 3.5 所示。

图 3.4　　　　　　图 3.5

⑤ 再次按 Ctrl+D 组合键将其再复制一份，并将其向右侧平移拖动，然后单击属性栏中的【水平镜像】 按钮，对图形进行水平翻转，如图 3.6 所示。

图 3.6

3.1.2　制作装饰图形

① 单击工具箱中的【矩形工具】 按钮，绘制一个矩形，设置矩形为白色。

② 在矩形上再绘制一个细长黑色矩形，如图 3.7 所示。

图 3.7

③ 选中黑色矩形，按住鼠标左键及 Shift 键的同时向右侧拖动，再按鼠标右键将其复制一份，按 Ctrl+D 组合键将其再复制一份，如图 3.8 所示。

④ 同时选中所有图形，单击属性栏中的【修剪】 按钮，再将 3 个黑色矩形删除，如图 3.9 所示。

图 3.8　　　　　　图 3.9

⑤ 单击工具箱中的【封套工具】 按钮，单击属性栏中的【直线模式】 按钮，按住 Shift 键后使用鼠标拖动右下角控制点，将图形透视变形，如图 3.10 所示。

图 3.10

6 单击工具箱中的【矩形工具】□按钮，绘制一个矩形，设置矩形为白色，如图 3.11 所示。

7 以刚才同样的方法将矩形透视变形，如图 3.12 所示。

图 3.11　　　　　　　图 3.12

8 同时选中两个图形，单击属性栏中的【焊接】□按钮，将图形焊接。

9 单击工具箱中的【贝塞尔工具】♪按钮，绘制一个白色不规则图形，如图 3.13 所示。

10 选中白色矩形，按住鼠标左键及 Shift 键的同时向右侧拖动，再按鼠标右键将其复制一份，再单击属性栏中的【水平镜像】回按钮，对刚复制的图形进行水平翻转，再适当调整图形位置，使之与原图形边缘对齐，如图 3.14 所示。

图 3.13　　　　　　　图 3.14

11 单击工具箱中的【矩形工具】□按钮，绘制一个细长矩形，设置矩形为白色，如图 3.15 所示。

12 以刚才同样方法将矩形透视变形，如图 3.16 所示。

13 同时选中两个图形，单击属性栏中的【焊接】□按钮，将图形焊接。

图 3.15　　　　　　　图 3.16

14 分别选中刚才绘制的图形，将其适当旋转，如图 3.17 所示。

15 同时选中两个图形，单击属性栏中的【焊接】□按钮，将图形焊接，如图 3.18 所示。

图 3.17　　　　　　　图 3.18

16 单击工具箱中的【矩形工具】□按钮，在文字位置绘制一个黑色矩形，如图 3.19 所示。

17 同时选中黑色矩形及另外两个图形，单击属性栏中的【修剪】□按钮，再将黑色矩形删除，如图 3.20 所示。

图 3.19　　　　　　　图 3.20

18 单击工具箱中的【文本工具】**字**按钮，输入文字，设置【字体】为 Arial，如图 3.21 所示。

19 打开【导入文件】对话框，选择"火焰标志 .cdr"素材，单击【导入】按钮，将素材图像放在适当位置并适当缩放，将其填充更改为白色。至此，BBQ 烧烤标志制作完成，最终效果如图 3.22 所示。

图 3.21   图 3.22

3.2 生态农业标志设计

 实例说明

本例讲解生态农业标志设计。本例的设计以漂亮的绿色层次感图形作为主视觉图像，通过绘制象形图像制作绿叶图像，最后输入文字信息，完成整个标志设计。最终效果如图 3.23 所示。

视频教学

图 3.23

 关键步骤

◆ 绘制圆弧图像制作标志轮廓效果。

◆ 绘制绿叶图像并复制数份，最后输入文字信息，完成最终效果制作。

难易程度：★★☆☆☆

调用素材：第 3 章 \ 生态农业标志设计

源文件：第 3 章 \ 生态农业标志设计 .cdr

操作步骤

3.2.1 绘制轮廓图形

1 打开【导入文件】对话框，选择"背景 .jpg"素材，单击【导入】按钮，将素材图像放在适当位置。

2 单击工具箱中的【椭圆形工具】○按钮，按住 Ctrl 键绘制一个圆环，设置其颜色为无，【轮廓色】为绿色（R: 0, G: 51, B: 28），【轮廓宽度】为 16，如图 3.24 所示。

3 单击工具箱中的【形状工具】按钮，拖动圆环节点，将其转换为圆弧，如图 3.25 所示。

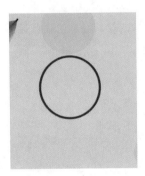
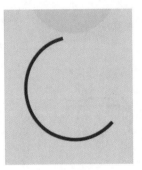

图 3.24　　　　　　　图 3.25

4 在【轮廓笔】对话框中，单击【圆形端头】按钮，完成之后单击 OK 按钮，如图 3.26 所示。

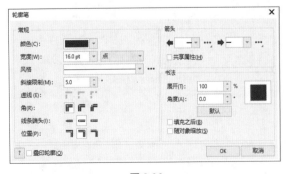

图 3.26

5 选中圆环，按 Ctrl+C 组合键将其复制，再按 Ctrl+V 组合键将其粘贴，将粘贴的圆环等比缩小，如图 3.27 所示。

6 再拖动内圆环节点更改其弧度大小，如图 3.28 所示。

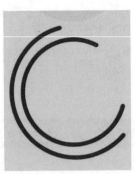

图 3.27　　　　　　　图 3.28

7 单击工具箱中的【贝塞尔工具】按钮，绘制一段与圆弧轮廓相同的曲线，如图 3.29 所示。

8 单击工具箱中的【贝塞尔工具】按钮，绘制一个绿色（R:98，G:187，B:67）图形，如图 3.30 所示。

图 3.29　　　　　　　图 3.30

3.2.2 处理细节元素

1 以同样方法再分别绘制一个浅绿色（R:155，G:205，B:74）图形及一个黄色（R:213，G:221，B:76）图形，如图 3.31 所示。

2 选中刚才绘制的部分图形，按 Ctrl+C 组合键将其复制，再按 Ctrl+V 组合键将其粘贴，将粘贴的图形等比缩小并旋转。

(3) 以同样方法再次复制及变换图形，如图 3.32 所示。

制，再按 Ctrl+V 组合键将其粘贴，将复制的绿叶图像适当移动并旋转，如图 3.34 所示。

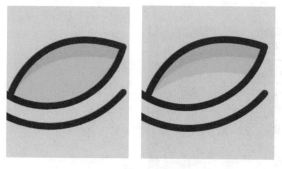

图 3.31

图 3.33　　　　　图 3.34

(6) 单击工具箱中的【文本工具】**字** 按钮，输入文字，设置【字体】为 VnVogueH、苹方，至此，生态农业标志制作完成，最终效果如图 3.35 所示。

图 3.35

图 3.32

(4) 单击工具箱中的【贝塞尔工具】按钮，绘制一个绿色（R:0，G:51，B:28）图形制作绿叶，如图 3.33 所示。

(5) 选中绿叶图形，按 Ctrl+C 组合键将其复

3.3　未来科技标志设计

　实例说明

本例讲解未来科技标志设计。本例设计以漂亮的正圆轮廓为主体图形，通过绘制图形并对图形进行处理制作出科技感标志图形，为图形添加渐变颜色，最后添加文字信息，完成最终效果制作。最终效果如图 3.36 所示。

　关键步骤

◆　绘制正圆形制作标志大致轮廓。

◆ 对图形进行处理并添加新图形进行合并，最后输入文字信息，完成最终效果制作。

难易程度：★★☆☆☆

调用素材：第 3 章 \ 未来科技标志设计

源文件：第 3 章 \ 未来科技标志设计 .cdr

图 3.36

 **操作步骤**

3.3.1 打造主体图形

1 打开【导入文件】对话框，选择"背景 .jpg"素材，单击【导入】按钮，将素材图像放在适当位置。

2 单击工具箱中的【椭圆形工具】○按钮，按住 Ctrl 键绘制一个正圆，设置其颜色为无，【轮廓色】为白色，【轮廓宽度】为 30，如图 3.37 所示。

3 选中正圆，执行菜单栏中的【对象】|【将轮廓转换为对象】命令，如图 3.38 所示。

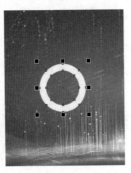

图 3.37   图 3.38

4 单击工具箱中的【矩形工具】▢按钮，绘制一个黑色矩形框，如图 3.39 所示。

5 同时选中正圆与矩形框两个图形，单击属性栏中的【修剪】🔲按钮，如图 3.40 所示。

图 3.39   图 3.40

6 选中矩形框，在选项栏中的【旋转角度】中输入 90，将矩形框旋转，如图 3.41 所示。

7 同时选中正圆与矩形框两个图形，单击属性栏中的【修剪】🔲按钮，完成之后将矩形框删除，如图 3.42 所示。

8 选中正圆图形，单击鼠标右键，在弹出的菜单中选择【拆分曲线】选项。

图 3.41	图 3.42

3.3.2 对标志进行处理

1　单击工具箱中的【形状工具】按钮，选中矩形部分节点进行拖动，使其与圆形更好地结合，如图 3.47 所示。

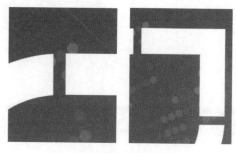

图 3.47

9　选中右上角部分图形并将其删除，如图 3.43 所示。

10　选中左下角部分图形，将其颜色更改为蓝色（R:0，G:204，B:255），如图 3.44 所示。

图 3.43	图 3.44

2　单击工具箱中的【贝塞尔工具】按钮，绘制一条线段，设置其【轮廓色】为白色，【轮廓宽度】为 30，如图 3.48 所示。

3　同时选中刚才绘制的几个图形，单击属性栏中的【焊接】按钮，将图形焊接，如图 3.49 所示。

图 3.48	图 3.49

11　单击工具箱中的【矩形工具】按钮，按住 Ctrl 键绘制一个正方形，设置其颜色为无，【轮廓色】为白色，【轮廓宽度】为 30，如图 3.45 所示。

12　选中正方形，执行菜单栏中的【对象】|【将轮廓转换为对象】命令。

13　单击工具箱中的【形状工具】按钮，选中矩形部分节点并将其删除，如图 3.46 所示。

图 3.45	图 3.46

4　选中焊接后的图形，单击工具箱中的【交互式填充工具】按钮，再单击属性栏中的【渐变填充】按钮，在图形上拖动，填充蓝色（R:0，G:204，B:255）到白色的线性渐变，如图 3.50 所示。

5　单击工具箱中的【文本工具】**字**按钮，输入文字，设置【字体】为 Adobe Gothic Std B，至此，未来科技标志制作完成，最终效果如图 3.51 所示。

图 3.50　　　　　　　　图 3.51

3.4　卡通熊猫标志设计

　实例说明

　　本例讲解卡通熊猫标志设计。本例设计以漂亮的卡通熊猫头作为主视觉图像，通过添加英文熊猫文字信息完成最终效果设计。最终效果如图 3.52 所示。

视频教学

图 3.52

　关键步骤

◆　绘制正圆制作标志基底轮廓，同时制作爪子图像添加装饰元素。

◆　绘制椭圆及其他图形制作熊猫标志，最后输入文字信息，完成最终效果制作。

难易程度：★★☆☆☆

调用素材：第 3 章 \ 卡通熊猫标志设计

源文件：第 3 章 \ 卡通熊猫标志设计 .cdr

操作步骤

3.4.1　打造标志主体轮廓

1 打开【导入文件】对话框,选择"背景.jpg"素材,单击【导入】按钮,将素材图像放在适当位置。

2 单击工具箱中的【椭圆形工具】◯按钮,按住 Ctrl 键绘制一个正圆,设置其颜色为蓝色(R:110,G:204,B:254),【轮廓色】为黑色,【轮廓宽度】为 5,如图 3.53 所示。

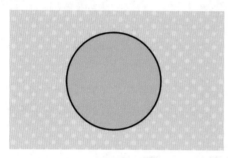

图 3.53

3 单击工具箱中的【贝塞尔工具】按钮,绘制一个白色图形,如图 3.54 所示。

4 以同样方法再绘制一个爪子图像,如图 3.55 所示。

图 3.54　　　　　图 3.55

5 选中爪子,按住鼠标左键的同时向右侧平移拖动,再按鼠标右键将其复制一份。

6 单击属性栏中的【水平镜像】按钮,对复制的图形进行水平翻转,再将图形适当移动,如图 3.56 所示。

7 单击工具箱中的【贝塞尔工具】按钮,绘制一个白色图形,如图 3.57 所示。

图 3.56　　　　　图 3.57

8 选中所有图像,单击鼠标右键,在弹出的菜单中选择【组合】选项。

9 在图像上双击,将光标移至蓝色正圆中心位置,如图 3.58 所示。

10 按住鼠标左键旋转拖动至一定角度,按鼠标右键将图像复制一份,如图 3.59 所示。

 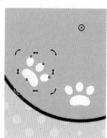

图 3.58　　　　　图 3.59

11 按 Ctrl+D 组合键执行再制命令,将图像复制多份,如图 3.60 所示。

12 同时选中所有爪子图像,将其适当旋转,如图 3.61 所示。

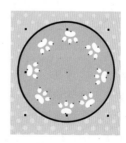 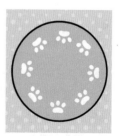

图 3.60　　　　　图 3.61

3.4.2　绘制标志图形元素

1️⃣　单击工具箱中的【椭圆形工具】○按钮，绘制椭圆，设置其颜色为白色，【轮廓色】为黑色，【轮廓宽度】为6，如图3.62所示。

2️⃣　以同样方法再绘制一个黑色椭圆制作眼睛图像，如图3.63所示。

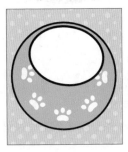 

图 3.62　　　　　　　　　图 3.63

3️⃣　在黑色椭圆内部按住Ctrl键再绘制一个白色正圆，如图3.64所示。

4️⃣　选中白色正圆，按Ctrl+C组合键将其复制，按Ctrl+V组合键将其粘贴，将粘贴的正圆颜色更改为黑色，【轮廓色】更改为深黄色（R:61，G:36，B:36），【轮廓宽度】更改为4。

5️⃣　以同样方法再绘制一个白色小正圆，如图3.65所示。

图 3.64　　　　　　　　　图 3.65

6️⃣　选中所有眼睛图像，按住鼠标左键的同时向右侧平移拖动，再按鼠标右键将其复制一份。

7️⃣　单击属性栏中的【水平镜像】🔁按钮，对图形进行水平翻转，再将图形适当移动，如图3.66所示。

所示。

图 3.66

8️⃣　单击工具箱中的【椭圆形工具】○按钮，按住Ctrl键绘制一个正圆，设置其颜色为红色（R:99，G:2，B:5），【轮廓色】为黑色，【轮廓宽度】为3，如图3.67所示。

9️⃣　单击工具箱中的【椭圆形工具】○按钮，绘制一个浅红色（R:254，G:107，B:89）椭圆，如图3.68所示。

图 3.67　　　　　　　　　图 3.68

🔟　选中浅红色椭圆，单击鼠标右键，在弹出的菜单中选择【Power Clip 内部】选项，在其下方图形上单击，将多余部分图形隐藏，如图3.69所示。

11　单击工具箱中的【椭圆形工具】○按钮，按住Ctrl键绘制1个白色正圆，如图3.70所示。

12　选中正圆，按住鼠标左键的同时向右侧拖动，再按鼠标右键将其复制一份，如图3.71所示。

13　单击工具箱中的【贝塞尔工具】✐按钮，绘制一个深红色（R:38，G:24，B:24）图形，如图3.72所示。

图 3.69

图 3.71

图 3.72

图 3.70

14　单击工具箱中的【贝塞尔工具】 按钮，绘制一条曲线。

15　在【轮廓笔】对话框中，设置【颜色】为深红色（R:38，G:24，B:24），【宽度】为 4，单击【圆形端头】 按钮，完成之后单击 OK 按钮，如图 3.73 所示。

16　选中曲线，按住鼠标左键的同时向右侧平移拖动，再按鼠标右键将其复制一份。

17　单击属性栏中的【水平镜像】 按钮，对图形进行水平翻转，再将线段适当移动，如图 3.74 所示。

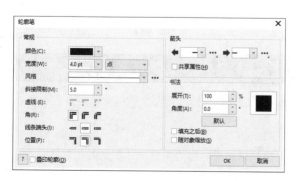

图 3.73

图 3.73（续）　　　　图 3.74

18　单击工具箱中的【贝塞尔工具】 按钮，绘制一个红色（R:254，G:107，B:89）图形，如图 3.75 所示。

19　选中图形，按住鼠标左键的同时向右侧平移拖动，再按鼠标右键将其复制一份。

20　单击属性栏中的【水平镜像】 按钮，对图形进行水平翻转，再将其适当移动，如图 3.76 所示。

图 3.75　　　　　　图 3.76

3.4.3　为标志添加细节元素

1　单击工具箱中的【椭圆形工具】 按钮，按住 Ctrl 键绘制一个深红色（R:38，G:24，B:24）正圆。

2　将正圆顺序移至熊猫头底部位置，如图 3.77 所示。

3　选中正圆，按住鼠标左键的同时向右侧平移拖动，再按鼠标右键将其复制一份。

4　单击属性栏中的【水平镜像】 按钮，

对图形进行水平翻转，再将其适当移动，如图 3.78 所示。

再将其移至手臂顶部位置，如图 3.80 所示。

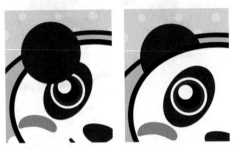

图 3.77

图 3.79

图 3.80

图 3.78

8 单击工具箱中的【文本工具】**字**按钮，输入文字，设置【字体】为 .VnVogueH，至此，卡通熊猫标志制作完成，最终效果如图 3.81 所示。

5 单击工具箱中的【椭圆形工具】◯按钮，按住 Ctrl 键绘制一个深红色（R:38，G:24，B:24）正圆，并将其移至熊猫头图形顺序下方，如图 3.79 所示。

6 单击工具箱中的【贝塞尔工具】♪按钮，绘制一个深红色（R:38，G:24，B:24）图形，制作熊猫手臂。

7 选中刚才绘制的爪子图像，按 Ctrl+C 组合键将其复制，再按 Ctrl+V 组合键将其粘贴，将粘贴的图形颜色更改为红色（R:254，G:107，B:89），

图 3.81

3.5 沙滩风情标志设计

 实例说明

本例讲解沙滩风情标志设计。本例设计以椰树、阳光等沙滩相关内容为主题，体现出炙热夏日海边热情奔放的感觉。最终效果如图 3.82 所示。

图 3.82

　关键步骤

◆　绘制不同颜色的图形并放置在圆形内部。

◆　添加椰树素材，添加文字并变形。

难易程度：★★★☆☆

调用素材：第 3 章 \ 沙滩风情标志设计

源文件：第 3 章 \ 沙滩风情标志设计 .cdr

　操作步骤

3.5.1　制作标志主体

1　打开【导入文件】对话框，选择"背景 .jpg"素材，单击【导入】按钮，将素材图像放在适当位置。

2　单击工具箱中的【椭圆形工具】〇按钮，按住 Ctrl 键绘制一个正圆，设置其颜色为黄色（R:248，G:238，B:166），【轮廓色】为黑色，【轮廓宽度】为 8，如图 3.83 所示。

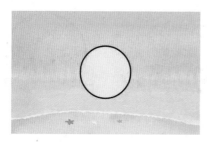

图 3.83

3　单击工具箱中的【椭圆形工具】〇按钮，绘制一个椭圆，设置其颜色为蓝色（R:77，G:130，B:187），【轮廓色】为无；选中椭圆，按 Ctrl+C 组合键将其复制，如图 3.84 所示。

4　选中椭圆，单击鼠标右键，在弹出的菜单中选择【Power Clip 内部】选项，在其下方图形上单击，将多余部分图形隐藏，如图 3.85 所示。

图 3.84　　　　　　　　图 3.85

5　按 Ctrl+V 组合键粘贴椭圆，将粘贴的椭圆颜色更改为蓝色（R:43，G:108，B:175），再将其等比缩小，如图 3.86 所示。

（6）以刚才同样的方法将部分图形隐藏，如图 3.87 所示。

图 3.86　　　　　　　图 3.87

（7）以同样方法再次粘贴椭圆，并将椭圆颜色更改为蓝色（R:26，G:87，B:142），然后将其等比缩小，再将部分图形缩小并隐藏，如图 3.88 所示。

图 3.88

3.5.2　添加文字元素

（1）单击工具箱中的【文本工具】字按钮，输入文字，设置【字体】为 Myriad Hebrew，并设置其【轮廓色】为黑色，【轮廓宽度】为 5，如图 3.89 所示。

（2）选中文字，单击工具箱中的【交互式填充工具】按钮，再单击属性栏中的【渐变填充】按钮，在文字上拖动，填充黄色（R:255，G:184，B:43）到深黄色（R:219，G:131，B:0）的线性渐变，如图 3.90 所示。

图 3.89　　　　　　　图 3.90

（3）选中文字，单击工具箱中的【封套工具】按钮，再单击属性栏中的【单弧模式】按钮，拖动控制点将文字变形，如图 3.91 所示。

（4）单击工具箱中的【贝塞尔工具】按钮，绘制一个黑色图形，设置其【轮廓色】为无，并将其移至英文字母下方，如图 3.92 所示。

图 3.91　　　　　　　图 3.92

（5）单击工具箱中的【贝塞尔工具】按钮，绘制一个黄色（R:251，G:203，B:92）图形，设置其【轮廓色】为无，如图 3.93 所示。

（6）选中图形，单击鼠标右键，在弹出的菜单中选择【Power Clip 内部】选项，在其下方正圆图形上单击，将多余部分图形隐藏，如图 3.94 所示。

图 3.93　　　　　　　图 3.94

7 用同样的方法，使用【贝塞尔工具】
绘制更多不同颜色的图形并放置在圆形内部，如
图 3.95 所示。

8 单击工具箱中的【文本工具】字按钮，
输入文字，设置【字体】为 Cooper Black，如图 3.96
所示。

图 3.95　　　　　　图 3.96

3.5.3　添加装饰元素

1 单击工具箱中的【贝塞尔工具】按钮，
绘制一个黑色图形制作海鸟，如图 3.97 所示。

2 选中海鸟，按住鼠标左键的同时向左下
方拖动，再按鼠标右键将其复制一份，将复制生成
的海鸟图像等比缩小，如图 3.98 所示。

图 3.97　　　　　　图 3.98

3 打开【导入文件】对话框，选择"椰树 .cdr"
素材，单击【导入】按钮，将素材图像放在合适位
置并适当缩放，如图 3.99 所示。

4 将导入的素材图像复制数份并适当缩放

及移动，如图 3.100 所示。

图 3.99　　　　　　图 3.100

5 单击工具箱中的【贝塞尔工具】按钮，
绘制一条弧线轮廓，如图 3.101 所示。

6 单击工具箱中的【文本工具】字按钮，
输入文字，设置【字体】为 Microsoft JhengHei，
如图 3.102 所示。

图 3.101　　　　　　图 3.102

7 选中弧线，将轮廓更改为无，至此，沙
滩风情标志制作完成，最终效果如图 3.103 所示。

图 3.103

3.6 课后上机实操

　　logo 在日常设计中占据相当重要的比重，尤其在品牌设计、包装、名片设计中显得更为重要，通过对本章的学习，读者可以掌握商业 logo 标志设计的技巧。

3.6.1 上机实操 1——西餐厅标志设计

实例说明

　　西餐厅标志设计，本例中的标志在制作过程中以正圆为基础图形，对其加以变形，并添加文字说明，就可完美地组合成标志效果。最终效果如图 3.104 所示。

关键步骤

◆　绘制描边正圆，通过修剪去除部分图形。
◆　绘制线段，添加文字。

视频教学

图 3.104

难易程度：★☆☆☆☆
调用素材：无
源文件：第 3 章 \ 西餐厅标志设计 .cdr

3.6.2 上机实操 2——新娱乐传媒标志设计

实例说明

　　新娱乐传媒标志设计，本例中的标志在制作过程中以矩形作为基础图形，将其变形后通过复制组合成完美的标志效果。最终效果如图 3.105 所示。

关键步骤

◆　绘制矩形并斜切变形。
◆　绘制阴影图形。

视频教学

图 3.105

难易程度：★★☆☆☆
调用素材：无
源文件：第 3 章 \ 新娱乐传媒标志设计 .cdr

第4章

个性化精致名片设计

内容摘要

本章主要讲解个性化精致名片设计。名片作为商务往来中非常重要的交换介质,其承载着一家公司或者企业的文化,一张合格的名片通常注明了公司名称、姓名及个人联系方式。本章列举了比较有代表性的净化科技名片设计、科技公司名片设计及复古餐厅名片设计等实例,通过对设计实例的学习,读者可以掌握名片设计的基本知识。

教学目标

◉ 学会净化科技名片设计

◉ 了解科技公司名片设计技巧

◉ 掌握复古餐厅名片设计技巧

4.1 净化科技名片设计

 实例说明

本例讲解净化科技名片设计。本例设计比较简单，整体设计过程突出表现净化科技的特点。最终效果如图 4.1 所示。

视频教学

图 4.1

 关键步骤

◆ 绘制矩形并添加文字信息，制作正面效果。

◆ 复制矩形并添加图文信息，完成最终效果制作。

难易程度：★★☆☆☆

调用素材：第 4 章 \ 净化科技名片设计

源文件：第 4 章 \ 净化科技名片设计 .cdr

 **操作步骤**

4.1.1 打造名片正面效果

〔1〕 单击工具箱中的【矩形工具】□按钮，绘制一个矩形，设置矩形为白色。

〔2〕 在属性栏中将其宽度更改为 90，高度更改为 54，如图 4.2 所示。

图 4.2

3 选中矩形，按 Ctrl+C 组合键将其复制，再按 Ctrl+V 组合键将其粘贴。

4 将粘贴的矩形颜色更改为绿色（R:131，G:196，B:39），再将其高度缩小，如图 4.3 所示。

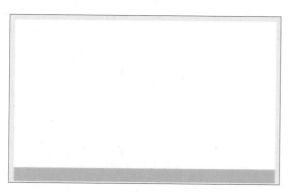

图 4.3

5 选中绿色矩形，按 Ctrl+C 组合键将其复制，再按 Ctrl+V 组合键将其粘贴。

6 将粘贴的矩形颜色更改为蓝色（R:0，G:204，B:255），再将其宽度缩小，如图 4.4 所示。

图 4.4

7 打开【导入文件】对话框，选择"标志 .cdr"素材，单击【导入】按钮，将素材图像放在名片左侧位置，如图 4.5 所示。

8 单击工具箱中的【文本工具】**字**按钮，输入文字，设置【字体】为 Geometr706 BlkCn BT、Microsoft YaHei UI，如图 4.6 所示。

图 4.5

图 4.6

9 打开【导入文件】对话框，选择"图标 .cdr"素材，单击【导入】按钮，将素材图像放在名片适当位置，如图 4.7 所示。

图 4.7

10 单击工具箱中的【文本工具】**字**按钮，输入文字，设置【字体】为 Geometr706 BlkCn BT、Microsoft YaHei UI，如图 4.8 所示。

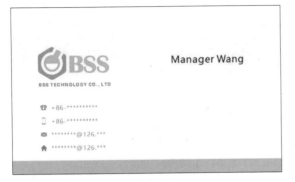

图 4.8

4.1.2　制作名片背面效果

1️⃣ 选中名片最大矩形，按住鼠标左键和 Shift 键的同时向右侧平移拖动，再按鼠标右键将其复制一份，将复制生成的矩形颜色更改为绿色（R:131，G:196，B:39），如图 4.9 所示。

图 4.9

2️⃣ 以同样方法将名片正面标志及文字再次复制一份，并将其颜色更改为白色，如图 4.10 所示。

图 4.10

4.1.3　打造立体展示效果

1️⃣ 单击工具箱中的【矩形工具】▭按钮，绘制一个灰色（R:230，G:230，B:230）矩形，如图 4.11 所示。

图 4.11

2️⃣ 选中矩形，按 Ctrl+C 组合键将其复制，再按 Ctrl+V 组合键将其粘贴。

3️⃣ 将粘贴的矩形颜色更改为灰色（R:242，G:242，B:242），在矩形上单击鼠标右键，在弹出的菜单中选择【转换为曲线】选项，单击工具箱中的【形状工具】按钮，拖动矩形节点将其适当变形，如图 4.12 所示。

图 4.12

4️⃣ 选中变形后的矩形，按 Ctrl+C 组合键将其复制，再按 Ctrl+V 组合键将其粘贴。

5️⃣ 将粘贴的矩形颜色更改为黑色，再单击工具箱中的【形状工具】按钮，拖动矩形节点将其适当变形，如图 4.13 所示。

6 单击工具箱中的【交互式填充工具】
按钮，再单击属性栏中的【渐变填充】按钮，在
图形上拖动，填充深灰色（R:105，G:105，B:105）
到浅灰色（R:207，G:207，B:207）的线性渐变，
如图 4.14 所示。

图 4.13　　　　图 4.14

7 以同样方法再复制一个类似图形，并向
右侧平移后将其颜色更改为灰色（R:156，G:156，
B:156），如图 4.15 所示。

8 选中图形，执行菜单栏中的【位图】|【转
换为位图】命令。

9 执行菜单栏中的【效果】|【模糊】|【高
斯式模糊】命令，在弹出的对话框中将【半径】更
改为 10，完成之后单击 OK 按钮，如图 4.16 所示。

图 4.15　　　　图 4.16

10 同时选中名片正面图像，按住鼠标左键
的同时拖动至刚才绘制的图像位置，再按鼠标右键
将其复制一份。

11 以同样方法选中名片背面图像将其复制
一份，如图 4.17 所示。

图 4.17

12 单击工具箱中的【贝塞尔工具】按钮，
在名片正面图像位置绘制一个灰色（R:156，G:156，
B:156）图形，设置其【轮廓色】为无，并将图形
移至名片图像下方位置，如图 4.18 所示。

图 4.18

13 选中图形,执行菜单栏中的【位图】|【转换为位图】命令。

14 执行菜单栏中的【效果】|【模糊】|【高斯式模糊】命令,在弹出的对话框中将【半径】更改为 10,完成之后单击 OK 按钮,如图 4.19 所示。

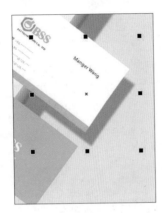

图 4.19

15 选中刚才制作的投影图像,按住鼠标左键的同时向左下方位置拖动,再按鼠标右键将其复制一份,至此,净化科技名片制作完成,最终效果如图 4.20 所示。

图 4.20

4.2 科技公司名片设计

 实例说明

本例讲解科技公司名片设计。本例中名片采用大面积红色及黑色进行搭配设计,整个名片有着很强的视觉冲击力。最终效果如图 4.21 所示。

视频教学

图 4.21

 关键步骤

◆ 绘制矩形并制作出名片正面主体视觉图案。

◆ 添加名片信息,完成最终效果制作。

难易程度:★★☆☆☆

调用素材:第 4 章\科技公司名片设计

源文件:第 4 章\科技公司名片设计 .cdr

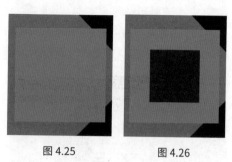
图 4.25　　　　图 4.26

操作步骤

4.2.1　绘制名片正面图案

① 单击工具箱中的【矩形工具】□按钮，绘制一个矩形，设置矩形为红色（R:222，G:37，B:47）。

② 在属性栏中将其宽度更改为 90，高度更改为 54，如图 4.22 所示。

图 4.22

③ 单击工具箱中的【矩形工具】□按钮，按住 Ctrl 键绘制一个正方形，设置其颜色为无，轮廓颜色为黑色，【轮廓宽度】为 36，在选项栏中的【旋转角度】中输入 45，将矩形旋转，如图 4.23 所示。

④ 选中正方形，单击鼠标右键，在弹出的菜单中选择【Power Clip 内部】选项，在其下方图形上单击，将多余部分图形隐藏，如图 4.24 所示。

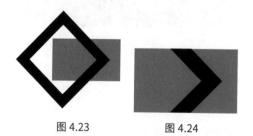
图 4.23　　　　图 4.24

⑤ 单击工具箱中的【矩形工具】□按钮，按住 Ctrl 键绘制一个正方形，设置其颜色为红色（R:242，G:67，B:76），轮廓为无，如图 4.25 所示。

⑥ 选中矩形，按 Ctrl+C 组合键将其复制，

再按 Ctrl+V 组合键将其粘贴，将粘贴的矩形颜色更改为黑色，再将其等比缩小，如图 4.26 所示。

⑦ 同时选中两个矩形，单击属性栏中的【修剪】□按钮，如图 4.27 所示。

⑧ 选中矩形，在选项栏中的【旋转角度】中输入 45，将矩形旋转，如图 4.28 所示。

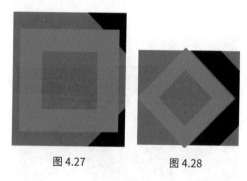
图 4.27　　　　图 4.28

⑨ 单击工具箱中的【贝塞尔工具】✐按钮，绘制一个图形，将经过修剪的图形再次修剪，如图 4.29 所示。

⑩ 单击工具箱中的【矩形工具】□按钮，绘制一个矩形，设置其颜色为黑色，轮廓为无，如图 4.30 所示。

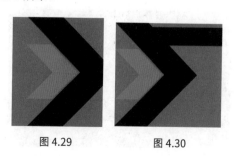
图 4.29　　　　图 4.30

4.2.2　添加名片正面信息

1　单击工具箱中的【文本工具】**字**按钮，输入文字，设置【字体】为 Geometr706 BlkCn BT、Microsoft YaHei UI，如图 4.31 所示。

图 4.31

2　打开【导入文件】对话框，选择"图标.cdr"素材，单击【导入】按钮，将素材图像放在适当位置并缩小，如图 4.32 所示。

图 4.32

3　单击工具箱中的【文本工具】**字**按钮，输入文字，设置【字体】为 Microsoft YaHei UI，如图 4.33 所示。

图 4.33

4.2.3　制作名片背面效果

1　同时选中名片正面所有图形及文字，按住鼠标左键及 Shift 键的同时向右侧拖动，再按鼠标右键将其复制一份。

2　将复制生成的部分图形及文字删除，如图 4.34 所示。

图 4.34

3　单击工具箱中的【文本工具】**字**按钮，输入文字，设置【字体】为 Geometr706 BlkCn BT，如图 4.35 所示。

图 4.35

4.2.4　打造立体展示效果

1　打开【导入文件】对话框，选择"背景.jpg"素材，单击【导入】按钮，将素材图像放在适当位置。

2　同时选中名片正面所有元素，将其移至木纹背景图像位置。

3　以同样方法选中名片背面所有元素，将其移至木纹背景图像位置，如图 4.36 所示。

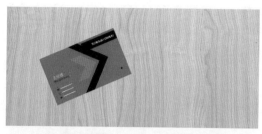

图 4.36

图 4.38

(4) 选中名片正面红色矩形，按 Ctrl+C 组合键将其复制，再按 Ctrl+V 组合键将其粘贴，将粘贴的矩形颜色更改为黑色，再将其移至原红色矩形下方后分别向右及向下方适当移动，如图 4.37 所示。

(7) 选中添加模糊后的矩形图像，单击工具箱中的【透明度工具】▦按钮，将其【透明度】更改为 40，制作出阴影效果，如图 4.39 所示。

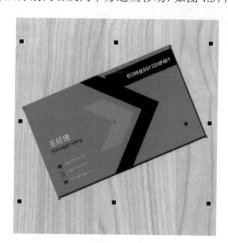

图 4.37

图 4.39

(5) 选中黑色矩形，执行菜单栏中的【位图】|【转换为位图】命令。

(6) 执行菜单栏中的【效果】|【模糊】|【高斯式模糊】命令，在弹出的对话框中将【半径】更改为 3，完成之后单击 OK 按钮，如图 4.38 所示。

(8) 以同样方法为名片背面制作阴影效果，至此，科技公司名片制作完成，最终效果如图 4.40 所示。

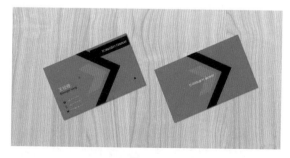

图 4.40

4.3 复古餐厅名片设计

 实例说明

本例讲解复古餐厅名片设计。此款名片以复古餐厅的特点为重点，将其标签效果以一种最为直观的形式进行展现，其制作过程比较简单。最终效果如图 4.41 所示。

视频教学

图 4.41

 关键步骤

◆ 输入主题和名片相关文字并进行排列。

◆ 绘制圆形并添加素材。

难易程度：★★☆☆☆

调用素材：第 4 章\复古餐厅名片设计

源文件：第 4 章\复古餐厅名片正面设计 .cdr、

复古餐厅名片背面设计 .cdr

 操作步骤

4.3.1 制作名片正面效果

1 单击工具箱中的【矩形工具】□按钮，绘制一个【宽度】为 55，【高度】为 90 的矩形，如图 4.42 所示。

2 单击工具箱中的【文本工具】**字**按钮，

在合适位置输入文字（Verdana 粗体、Verdana 常规），如图 4.43 所示。

3 单击工具箱中的【贝塞尔工具】✒按钮，在下方文字左侧位置绘制一个不规则图形，设置【填充】为棕色（R：129，G：67，B：54），【轮廓色】为无，如图 4.44 所示。

4 选中不规则图形，按住鼠标左键的同时向右侧移动，然后按下鼠标右键将图形复制，单击属性栏中的【水平镜像】⊡按钮，将其水平镜像，如图 4.45 所示。

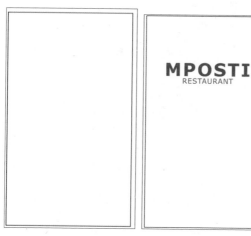

图 4.42　　　　　　图 4.43

图 4.44　　　　　　图 4.45

5️⃣ 单击工具箱中的【文本工具】**字**按钮，在合适位置输入文字（Calibri、Arial），如图 4.46 所示。

图 4.46

4.3.2　制作名片背面效果

1️⃣ 单击工具箱中的【矩形工具】▢按钮，绘制一个【宽度】为 55，【高度】为 90 的矩形，将其【填充】更改为棕色（R:129，G:67，B:54），【轮廓色】更改为无，如图 4.47 所示。

2️⃣ 单击工具箱中的【椭圆形工具】◯按钮，在图形中心位置按住 Ctrl 键绘制一个正圆，设置【填充】为白色，【轮廓色】为无，如图 4.48 所示。

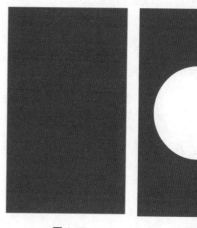

图 4.47　　　　　　图 4.48

3️⃣ 执行菜单栏中的【文件】|【打开】命令，选择"标识 .cdr"文件，单击【打开】按钮，将打开的文件拖入当前页面中矩形的中间位置，并更改其填充色为与矩形相同的棕色（R:129，G:67，B:54），至此，复古餐厅名片制作完成，最终效果如图 4.49 所示。

图 4.49

4.4　课后上机实操

　　名片设计要讲究艺术性，在大多情况下，名片不会引起人的专注和追求，其主要作用是便于记忆，具有更强的识别性，让人在最短的时间内获得所需要的信息。因此，名片设计必须做到文字简明扼要、字体层次分明、强调设计意识、艺术风格新颖。本章安排两个课后上机实操，以加深读者对名片设计知识的掌握程度。

4.4.1　上机实操1——印刷公司名片设计

 实例说明

　　印刷公司名片设计，此款名片在制作过程中可采用多个彩块化图形，并将其与圆角矩形相结合，就可完美表现出印刷主题特征。最终效果如图4.50所示。

图4.50

 关键步骤

◆　绘制线条并复制，制作背景纹理。

◆　绘制矩形并变形处理。

难易程度：★★★☆☆

调用素材：第4章\印刷公司名片设计

源文件：第4章\印刷公司名片正面设计.cdr、印刷公司名片背面设计.cdr

4.4.2　上机实操2——设计公司名片设计

 实例说明

　　设计公司名片设计，本例中的名片正面以直观的颜色区分视觉效果将不同信息分为若干个区域，比较富有特点；背面使用彩条图形作为装饰，并直接将logo图像置于中间，十分直观。最终效果如图4.51所示。

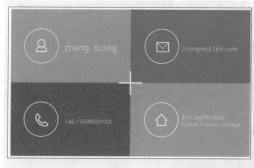

图 4.51

关键步骤

◆　绘制矩形方块组合背景。

◆　绘制圆圈并导入素材。

难易程度：★★☆☆☆

调用素材：第 4 章＼设计公司名片设计

源文件：第 4 章＼设计公司名片正面设计 .cdr、设计公司名
片背面设计 .cdr

第 5 章
潮流惊艳网页设计

内容摘要

本章主要讲解潮流惊艳网页设计。网页设计是新时代互联网浪潮下非常重要的一门设计学科，在网页设计过程中不仅需要考虑网页的版式布局、信息的添加，同时还要考虑设计与网页所要宣传的内容相匹配，这些专业的设计知识可以通过本章的学习进行获取。本章列举了家居新科技产品网页设计、运动主题网页设计、文化教育网页设计及农产品主题网页设计等实例，通过对本章网页设计实例的学习，读者可以掌握基本的网页设计知识及技巧。

教学目标

◉ 学会家居新科技产品网页设计知识　　　◉ 学习运动主题网页设计知识

◉ 掌握农产品主题网页设计技巧

5.1 家居新科技产品网页设计

 实例说明

本例讲解家居新科技产品网页设计。本例中的网页采用极简洁的设计手法，重点表现出产品的特点，整体设计过程需要注意版式布局。最终效果如图 5.1 所示。

视频教学

图 5.1

 关键步骤

◆ 绘制图形制作网页主体背景。

◆ 处理素材图像，添加文字信息，完成最终效果制作。

难易程度：★★★★☆

调用素材：第 5 章 \ 家居新科技产品网页设计

源文件：第 5 章 \ 家居新科技产品网页设计 .cdr

 **操作步骤**

5.1.1 制作网页背景

1 单击工具箱中的【矩形工具】□按钮，绘制一个矩形，设置矩形为深绿色（R:40，G:57，B:39），在属性栏中将【圆角半径】更改为10，将【轮廓宽度】更改为3，将轮廓颜色更改为白色，如图 5.2 所示。

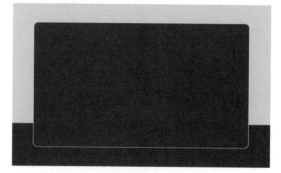

图 5.2

2 单击工具箱中的【矩形工具】□按钮，绘制一个矩形，设置矩形为绿色（R:183，G:221，B:160），如图 5.3 所示。

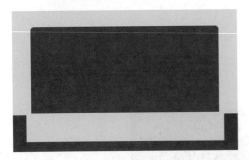

图 5.3

3 选中绿色矩形，单击鼠标右键，在弹出的菜单中选择【Power Clip 内部】选项，在其下方图形上单击，将多余部分图形隐藏，如图 5.4 所示。

图 5.4

4 选中绿色矩形，单击鼠标右键，在弹出的菜单中选择【编辑 Power Clip】选项。

5 选中绿色矩形，按 Ctrl+C 组合键将其复制，再按 Ctrl+V 组合键将其粘贴，将粘贴的矩形颜色更改为橙色（R:213，G:123，B:73），再将其宽度缩小，如图 5.5 所示。

6 选中深绿色矩形，单击工具箱中的【阴影工具】□按钮，在图像上拖动为其添加阴影效果。

7 在选项栏中将【阴影颜色】更改为深绿色（R:40，G:57，B:39），【合并模式】更改为叠加，【阴影不透明度】更改为 50，【阴影羽化】更改为 5，如图 5.6 所示。

图 5.5

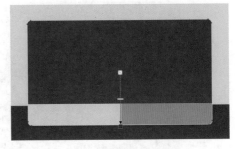

图 5.6

5.1.2 导入素材图像

1 单击工具箱中的【矩形工具】□按钮，绘制一个细长矩形，设置矩形为橙色（R:213，G:123，B:73），如图 5.7 所示。

2 打开【导入文件】对话框，选择"产品.png"素材，单击【导入】按钮，将素材图像放在适当位置，如图 5.8 所示。

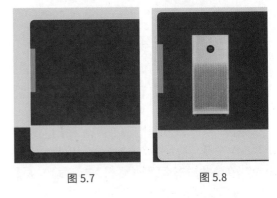

图 5.7　　　　　　　图 5.8

3 选中产品图像，单击工具箱中的【阴影

工具】按钮，在图像上拖动为其添加阴影效果，在选项栏中将【合并模式】更改为叠加，【阴影不透明度】更改为50，【阴影羽化】更改为10，如图5.9所示。

4 单击工具箱中的【文本工具】字按钮，输入文字，设置【字体】为 Microsoft YaHei UI，如图5.10所示。

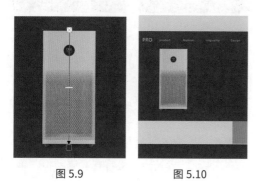

图 5.9   图 5.10

5 单击工具箱中的【矩形工具】按钮，在网页右上角绘制一个细长矩形，设置矩形为绿色（R:183，G:221，B:160），如图5.11所示。

6 选中细长矩形，按住鼠标左键及 Shift 键的同时向下方拖动，再按鼠标右键，将其复制两份，如图5.12所示。

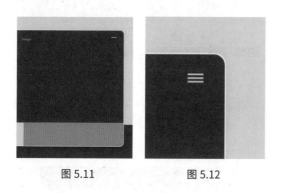

图 5.11   图 5.12

7 单击工具箱中的【椭圆形工具】○按钮，按住 Ctrl 键绘制一个正圆，设置其颜色为无，轮廓颜色为绿色（R:183，G:221，B:160），【轮廓宽度】为2，如图5.13所示。

8 单击工具箱中的【贝塞尔工具】按钮，

绘制一条线段，设置其【轮廓宽度】为2，轮廓颜色为绿色（R:183，G:221，B:160）。

9 在【轮廓笔】对话框中，单击【线条端头】右侧【圆形端头】按钮，完成之后单击 OK 按钮，如图5.14所示。

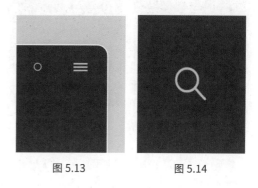

图 5.13   图 5.14

10 单击工具箱中的【文本工具】字按钮，输入文字，设置【字体】为 Microsoft YaHei UI，如图5.15所示。

11 单击工具箱中的【矩形工具】按钮，在文字左侧绘制一个细长矩形，设置矩形为绿色（R:183，G:221，B:160），如图5.16所示。

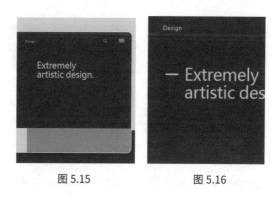

图 5.15   图 5.16

5.1.3 添加图文信息

1 单击工具箱中的【矩形工具】按钮，在文字下方适当位置再次绘制一个绿色（R:183，G:221，B:160）矩形，如图5.17所示。

2 单击工具箱中的【贝塞尔工具】按钮，

在矩形下方绘制一条线段，设置其【轮廓宽度】为1，轮廓颜色为绿色（R：183，G：221，B：160），如图5.18所示。

图 5.17   图 5.18

3️⃣ 单击工具箱中的【椭圆形工具】◯按钮，按住 Ctrl 键绘制一个正圆，设置其颜色为无，轮廓颜色为绿色（R:183，G:221，B:160），如图5.19所示。

4️⃣ 选中正圆，按住鼠标左键及 Shift 键的同时向右侧拖动，再按鼠标右键，将其复制4份，再将中间圆形填充为绿色（R:183，G:221，B:160），如图5.20所示。

图 5.19   图 5.20

5️⃣ 打开【导入文件】对话框，选择"产品 2.png""产品3.png""产品4.png"素材，单击【导入】按钮，将素材图像放在适当位置，如图5.21所示。

6️⃣ 单击工具箱中的【文本工具】字按钮，输入文字，设置【字体】为 Microsoft YaHei UI，如图5.22所示。

图 5.21   图 5.22

7️⃣ 单击工具箱中的【贝塞尔工具】✒按钮，在橙色图形位置绘制一个箭头，设置其【轮廓宽度】为2，轮廓颜色为深绿色（R:40，G:57，B:39），如图5.23所示。

8️⃣ 选中箭头，按住鼠标左键及 Shift 键的同时向右侧拖动，按鼠标右键将其复制一份，单击属性栏中的【水平镜像】◫按钮，对图形进行水平翻转，如图5.24所示。

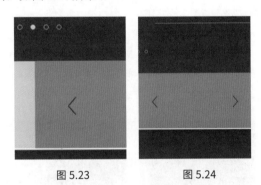

图 5.23   图 5.24

9️⃣ 单击工具箱中的【贝塞尔工具】✒按钮，绘制一条稍短线段，设置其【轮廓宽度】为2，轮廓颜色为绿色（R:183，G:221，B:160），如图5.25所示。

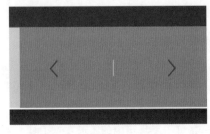

图 5.25

⑩ 单击工具箱中的【椭圆形工具】◯按钮，按住 Ctrl 键绘制一个正圆，设置其颜色为深绿色（R:40，G:57，B:39），轮廓为无。

⑪ 选中正圆，将其复制两份并适当缩小，如图 5.26 所示。

⑫ 单击工具箱中的【贝塞尔工具】✐按钮，在 3 个小正圆之间绘制线段将其连接，至此，家居新科技产品网页制作完成，最终效果如图 5.27 所示。

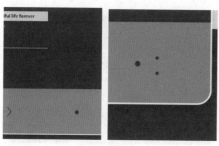

图 5.26

图 5.27

5.2 运动主题网页设计

 实例说明

本例讲解运动主题网页设计。本例的网页设计以漂亮的酷黑色作为网页主题配色，并利用漂亮的文字及装饰图形组合成整个网页。最终效果如图 5.28 所示。

图 5.28

视频教学

关键步骤

◆ 导入素材制作运动背景图像。

◆ 输入文字信息并绘制图形，完成最终效果制作。

难易程度：★★★☆☆

调用素材：第 5 章 \ 运动主题网页设计

源文件：第 5 章 \ 运动主题网页设计 .cdr

操作步骤

5.2.1 制作网页背景

1 单击工具箱中的【矩形工具】□按钮，绘制一个矩形框，如图 5.29 所示。

图 5.29

2 打开【导入文件】对话框，选择"鞋子.jpg"素材，单击【导入】按钮，将素材图像放在适当位置，如图 5.30 所示。

图 5.30

3 选中图像，单击鼠标右键，在弹出的菜单中选择【Power Clip 内部】选项，在其下方矩形上单击，将多余部分图像隐藏，如图 5.31 所示。

图 5.31

4 选中图像，单击鼠标右键，在弹出的菜单中选择【编辑 Power Clip】选项，调整图像位置及大小，完成之后单击左上角【完成】✓ **完成**按钮，如图 5.32 所示。

图 5.32

 技巧　在选择【编辑 Power Clip】选项后可适当调整图像位置及大小。

5.2.2 添加图形及文字元素

1 单击工具箱中的【贝塞尔工具】✎按钮，绘制一条白色线段，设置其【轮廓色】为白色，【轮廓宽度】为3，如图 5.33 所示。

2 单击工具箱中的【文本工具】**字**按钮，输入文字,设置【字体】为 Segoe UI Emoji,如图 5.34 所示。

图 5.33　　　　　　　图 5.34

3 单击工具箱中的【椭圆形工具】◯按钮,按住 Ctrl 键绘制一个正圆,设置其颜色为无,【轮廓色】为红色(R:255,G:0,B:0),【轮廓宽度】为 4,如图 5.35 所示。

图 5.35

4 单击工具箱中的【文本工具】字按钮,输入文字,设置【字体】为 Myriad Pro Cond,如图 5.36 所示。

图 5.36

5 打开【导入文件】对话框,选择 "logo.png" 素材,单击【导入】按钮,将素材图像放在网页左上角位置,如图 5.37 所示。

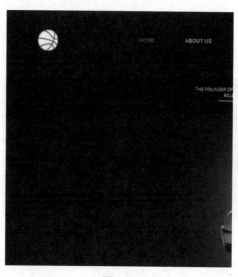

图 5.37

6 单击工具箱中的【贝塞尔工具】按钮,绘制一条白色线段,设置其【轮廓宽度】为 4,如图 5.38 所示。

图 5.38

7 单击工具箱中的【贝塞尔工具】 ↗按钮，在刚才添加的文字顶部位置绘制一条红色（R:255，G:0，B:0）线段，设置其【轮廓宽度】为 4，如图 5.39 所示。

8 选中线段，按住鼠标左键的同时向下拖动，再按鼠标右键将其复制一份，如图 5.40 所示。

图 5.39　　　　　　　图 5.40

9 单击工具箱中的【文本工具】字按钮，输入文字，设置【字体】为 Myriad Pro Cond、Segoe UI Symbol，如图 5.41 所示。

10 单击工具箱中的【贝塞尔工具】 ↗按钮，在刚才添加的文字顶部位置绘制一条红色（R:255，G:0，B:0）线段，设置其【轮廓宽度】为 4，如图 5.42 所示。

图 5.41　　　　　　　图 5.42

11 单击工具箱中的【贝塞尔工具】 ↗按钮，绘制一条白色线段，设置其【轮廓宽度】为 4，如图 5.43 所示。

12 单击工具箱中的【矩形工具】□按钮，按住 Ctrl 键绘制一个正方形，设置其颜色为红色

（R:255，G:0，B:0），【轮廓色】为无，如图 5.44 所示。

图 5.43　　　　　　　图 5.44

5.2.3　制作细节图像

1 选中矩形，按 Ctrl+C 组合键将其复制，再按 Ctrl+V 组合键将其粘贴。

2 将粘贴的矩形【填充】更改为无，【轮廓色】更改为白色，【轮廓宽度】更改为 4，如图 5.45 所示。

3 选中白色矩形框，在选项栏中的【旋转角度】中输入 45，将矩形旋转，如图 5.46 所示。

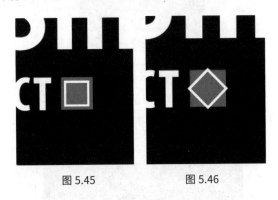

图 5.45　　　　　　　图 5.46

4 选中矩形，执行菜单栏中的【对象】|【将轮廓转换为对象】命令。

5 单击工具箱中的【矩形工具】□按钮，绘制一个矩形框，如图 5.47 所示。

6 同时选中白色矩形框和黑色矩形框两个图形，单击属性栏中的【修剪】□按钮，将黑色矩形框删除，再将余下图像等比缩小，如图 5.48 所示。

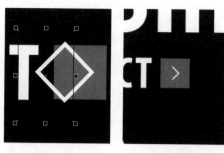

图 5.47   图 5.48

[7] 单击工具箱中的【贝塞尔工具】┏ 按钮，绘制一条白色线段，设置其【轮廓色】为白色，【轮廓宽度】为 4，如图 5.49 所示。

[8] 选中线段，按住鼠标左键及 Shift 键的同时向右侧拖动，再按鼠标右键将其复制一份，如图 5.50 所示。

图 5.49   图 5.50

[9] 按 Ctrl+D 组合键执行再制命令，将线段再复制 3 份，如图 5.51 所示。

[10] 同时选中刚才绘制的线段，单击工具箱中的【透明度工具】▨ 按钮，在属性栏中将【透明度】更改为 70，如图 5.52 所示。

图 5.51   图 5.52

[11] 选中第 2 个线段，将其【轮廓色】更改为红色（R:255，G:0，B:0），并将其透明度调整至无透明度状态，至此，运动主题网页制作完成，最终效果如图 5.53 所示。

图 5.53

5.3 文化教育网页设计

 实例说明

本例讲解文化教育网页设计。本例的网页设计以漂亮的教育素材图像作为网页主视觉图像，通过绘制装饰图形、输入相关文字信息及添加装饰图形，完成整个网页设计。最终效果如图 5.54 所示。

 关键步骤

◆ 绘制矩形并输入文字信息，制作网页标题内容。

◆ 绘制装饰图形并导入素材，制作网页主视觉图像。

◆ 绘制图形并输入文字信息，完成最终效果制作。

难易程度：★★★☆☆

调用素材：第 5 章＼文化教育网页设计

源文件：第 5 章＼文化教育网页设计 .cdr

图 5.54

视频教学

 操作步骤

5.3.1 制作网页主题背景

❶ 单击工具箱中的【矩形工具】□按钮，绘制一个黑色矩形框，如图 5.55 所示。

❷ 选中矩形框，按 Ctrl+C 组合键将其复制，再按 Ctrl+V 组合键将其粘贴。

❸ 将粘贴的矩形高度缩小并向上移动，如图 5.56 所示。

❹ 单击工具箱中的【交互式填充工具】◇按钮，再单击属性栏中的【渐变填充】■按钮，在图形上拖动，填充灰色（R:250，G:250，B:250）到白色的线性渐变，如图 5.57 所示。

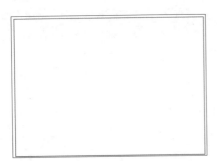

图 5.55

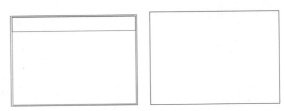

图 5.56　　　　　图 5.57

5.3.2　添加页面主要信息

1️⃣　打开【导入文件】对话框，选择 "logo.png" 素材，单击【导入】按钮，将素材图像放在左上角位置，如图 5.58 所示。

2️⃣　单击工具箱中的【椭圆形工具】◯ 按钮，按住 Ctrl 键绘制一个正圆，设置其颜色为无，【轮廓色】为红色（R:203，G:10，B:24），【轮廓宽度】为 6，如图 5.59 所示。

图 5.58　　　　　　　图 5.59

3️⃣　单击工具箱中的【矩形工具】▢ 按钮，绘制一个矩形，设置矩形为蓝色（R:102，G:153，B:255），在属性栏中将【圆角半径】更改为 3，如图 5.60 所示。

图 5.60

4️⃣　单击工具箱中的【文本工具】字 按钮，输入文字，设置【字体】为时尚中黑简体，如图 5.61 所示。

5️⃣　单击工具箱中的【贝塞尔工具】✏ 按钮，绘制一条线段，设置其【轮廓色】为蓝色（R:102，G:153，B:255），【轮廓宽度】为 4，如图 5.62 所示。

图 5.61　　　　　　　图 5.62

6️⃣　单击工具箱中的【矩形工具】▢ 按钮，绘制一个红色（R:203，G:10，B:24）矩形，如图 5.63 所示。

7️⃣　选中矩形，执行菜单栏中的【对象】|【转换为曲线】命令。单击工具箱中的【形状工具】✎ 按钮，拖动矩形右下角节点，将其适当变形，如图 5.64 所示。

图 5.63　　　　　　　图 5.64

8️⃣　选中矩形，按 Ctrl+C 组合键将其复制，再按 Ctrl+V 组合键将其粘贴。

9️⃣　分别单击属性栏中的【水平镜像】⬌ 按钮及【垂直镜像】⬍ 按钮，对图形进行变换，再将其向右侧适当移动，如图 5.65 所示。

🔟　单击工具箱中的【文本工具】字 按钮，输入文字，设置【字体】为微软雅黑，如图 5.66 所示。

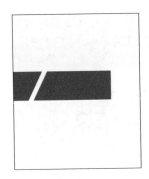

图 5.65 　　　　　　　　图 5.66

(11) 分别调整图文位置，如图 5.67 所示。

图 5.67

(12) 选中最大的外边框矩形，按 Ctrl+C 组合键将其复制，再按 Ctrl+V 组合键将其粘贴。

(13) 将粘贴的矩形颜色更改为蓝色（R:102，G:153，B:255），再将其高度缩小后移至网页靠顶部位置，如图 5.68 所示。

图 5.68

(14) 单击工具箱中的【文本工具】**字**按钮，输入文字，设置【字体】为微软雅黑，如图 5.69 所示。

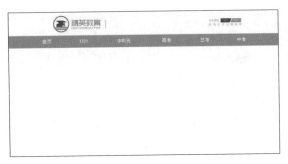

图 5.69

5.3.3 　打造页面主视觉图像

(1) 选中最大的外边框矩形，按 Ctrl+C 组合键将其复制，再按 Ctrl+V 组合键将其粘贴。

(2) 选中粘贴后的矩形，单击工具箱中的【交互式填充工具】◇按钮，再单击属性栏中的【渐变填充】▋按钮，在图形上拖动，填充蓝色（R:125，G:168，B:255）到白色的线性渐变，如图 5.70 所示。

图 5.70

(3) 单击工具箱中的【贝塞尔工具】✐按钮，绘制一个红色（R:201，G:64，B:71）图形，设置其【轮廓色】为无，如图 5.71 所示。

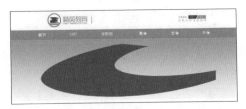

图 5.71

(4) 单击工具箱中的【贝塞尔工具】 📝按钮，绘制一个白色图形，如图 5.72 所示。

图 5.72

(5) 选中白色图形，按 Ctrl+C 组合键将其复制，再按 Ctrl+V 组合键将其粘贴，将粘贴的图形等比缩小，制作出跑道图像效果，如图 5.73 所示。

图 5.73

(6) 选中刚才绘制的跑道图像，单击鼠标右键，在弹出的菜单中选择【组合】选项。

(7) 单击工具箱中的【透明度工具】 ▨按钮，在图像上拖动，填充透明渐变，降低图像透明度，如图 5.74 所示。

(8) 打开【导入文件】对话框，选择"小人.png"素材，单击【导入】按钮，将素材图像放在跑道中的适当位置，如图 5.75 所示。

图 5.74　　　　　　图 5.75

(9) 选中人物图像，单击工具箱中的【阴影工具】 ▢按钮，在图像上拖动为其添加阴影效果，在选项栏中将【阴影不透明度】更改为 30，【阴影羽化】更改为 3，如图 5.76 所示。

图 5.76

(10) 单击工具箱中的【文本工具】 字按钮，输入文字，设置【字体】为 MStiffHei PRC，如图 5.77 所示。

图 5.77

11 选中文字，单击工具箱中的【阴影工具】
按钮，在文字上拖动为其添加阴影效果，如图5.78
所示。

图 5.78

5.3.4 绘制分类导航图像

1 单击工具箱中的【椭圆形工具】○按
钮，按住 Ctrl 键绘制一个正圆，设置其颜色为蓝色
（R:68，G:179，B:232），【轮廓色】为无，如图5.79
所示。

图 5.79

2 选中正圆，按住鼠标左键及 Shift 键的
同时向右侧拖动，再按鼠标右键将其复制一份，按
Ctrl+D 组合键执行再制命令，将其再复制两份，如
图5.80 所示。

图 5.80

3 分别选中复制生成的 3 个正圆，将其颜
色更改为不同颜色，如图 5.81 所示。

图 5.81

4 打开【导入文件】对话框，选择"图例.cdr"
素材，单击【导入】按钮，将素材图像放在正圆位
置，如图 5.82 所示。

图 5.82

5 单击工具箱中的【文本工具】**字**按钮，输入文字，设置【字体】为 MStiffHei PRC，如图 5.83 所示。

图 5.83

6 单击工具箱中的【矩形工具】□按钮，绘制一个红色（R:201，G:64，B:71）矩形，如图 5.84 所示。

图 5.84

7 单击工具箱中的【文本工具】**字**按钮，输入文字，设置【字体】为微软雅黑，如图 5.85 所示。

8 单击工具箱中的【贝塞尔工具】📈按钮，绘制一个折线，设置其【轮廓色】为白色，【轮廓宽度】为 3，如图 5.86 所示。

图 5.85   图 5.86

9 选中折线，按住鼠标左键及 Shift 键的同时向右侧拖动，再按鼠标右键将其复制一份，至此，文化教育网页制作完成，最终效果如图 5.87 所示。

图 5.87

5.4 农产品主题网页设计

 实例说明

本例讲解农产品主题网页设计。本例的设计以漂亮的农场主题图像为主视觉图像，通过添加相关细节文字信息及相关元素，完成网页最终效果设计。最终效果如图 5.88 所示。

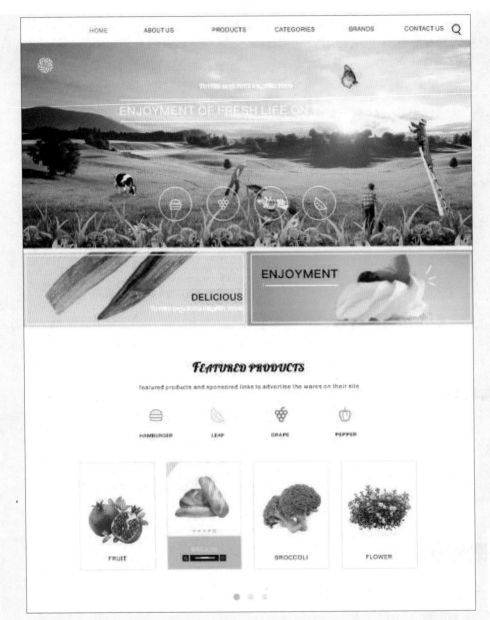

图 5.88

 关键步骤

◆ 导入素材制作主题背景图像。

◆ 输入文字信息并添加相关细节元素。

◆ 对网页细节部分进行调整并再次补充相关信息及元素，完成最终效果制作。

难易程度：★ ★ ★ ☆ ☆

调用素材：第 5 章 \ 农产品主题网页设计

源文件：第 5 章 \ 农产品主题网页设计 .cdr

视频教学

操作步骤

5.4.1 制作网页主题背景

1 单击工具箱中的【矩形工具】□按钮，绘制一个矩形，设置矩形填充颜色为无，轮廓为黑色，如图 5.89 所示。

2 选中矩形，按 Ctrl+C 组合键将其复制，再按 Ctrl+V 组合键将其粘贴。

3 将粘贴的矩形高度缩小并向上移动，如图 5.90 所示。

图 5.89

图 5.90

4 打开【导入文件】对话框，选择"农场 .jpg"素材，单击【导入】按钮，将素材图像放在适当位置，如图 5.91 所示。

5 选中图像，单击鼠标右键，在弹出的菜单中选择【Power Clip 内部】选项，在其下方矩形上单击，将多余部分图像隐藏，如图 5.92 所示。

图 5.91   图 5.92

6 选中图像，单击鼠标右键，在弹出的菜

单中选择【编辑 Power Clip】选项，调整图像位置及大小，完成之后单击左上角【完成】✔ **完成**按钮，如图 5.93 所示。

图 5.93

7 选中上方矩形，将其轮廓更改为无，将矩形轮廓取消，如图 5.94 所示。

图 5.94

5.4.2 添加文字信息

1 单击工具箱中的【文本工具】**字**按钮，输入文字，设置【字体】为 Arial，如图 5.95 所示。

图 5.95

②　单击工具箱中的【椭圆形工具】◯按钮，按住 Ctrl 键绘制一个正圆，设置其颜色为无，【轮廓色】为黑色，【轮廓宽度】为2，如图5.96所示。

③　单击工具箱中的【贝塞尔工具】✏按钮，绘制一条稍短线段，设置其【轮廓色】为黑色，【轮廓宽度】为2。

④　在【轮廓笔】对话框中，单击【线条端头】右侧【圆形端头】▬图标，完成之后单击 OK 按钮，如图5.97所示。

图5.96　　　　　图5.97

⑤　单击工具箱中的【文本工具】字按钮，输入文字，设置【字体】为苹方特粗、Lobster，如图5.98所示。

图5.98

⑥　单击工具箱中的【贝塞尔工具】✏按钮，绘制一条水平线段，设置其【轮廓色】为白色，【轮廓宽度】为2，如图5.99所示。

⑦　选中线段，按住鼠标左键及 Shift 键的同时向下方拖动，再按鼠标右键将其复制一份，如图5.100所示。

图5.99

图5.100

⑧　单击工具箱中的【椭圆形工具】◯按钮，按住 Ctrl 键绘制一个正圆，设置其颜色为无，【轮廓色】为白色，【轮廓宽度】为2，如图5.101所示。

图5.101

⑨　选中圆环，按住鼠标左键及 Shift 键的同时向右侧拖动，再按鼠标右键将其复制一份，按 Ctrl+D 组合键执行再制命令，将其再复制两份，如

图 5.102 所示。

图 5.102

10 打开【导入文件】对话框,选择"图标 .cdr"和"标志 .cdr"素材,单击【导入】按钮,将图标放在圆环位置,将标志放在图像左上角位置,将填充颜色更改为白色,如图 5.103 所示。

图 5.103

5.4.3 制作产品图

1 单击工具箱中的【矩形工具】□按钮,绘制一个黄色(R:255,G:220,B:138)矩形,如图 5.104 所示。

2 打开【导入文件】对话框,选择"秋葵 .png"素材,单击【导入】按钮,将秋葵放在绘制的矩形位置,如图 5.105 所示。

图 5.104

图 5.105

3 选中图像,单击鼠标右键,在弹出的菜单中选择【Power Clip 内部】选项,在其下方矩形上单击,将多余部分图像隐藏,如图 5.106 所示。

图 5.106

4 单击工具箱中的【矩形工具】□按钮,在右侧位置再绘制一个类似矩形,如图 5.107 所示。

5 单击工具箱中的【交互式填充工具】◇按钮,再单击属性栏中的【渐变填充】▮按钮,在矩形上拖动，填充浅蓝色（R:85，G:161，B:157）到蓝色（R:182，G:252，B:243）的椭圆形渐变，如图 5.108 所示。

图 5.107

图 5.108

6 打开【导入文件】对话框，选择"蛋糕.png"素材，单击【导入】按钮，将素材图像放在绘制的

矩形位置，如图 5.109 所示。

图 5.109

7 选中图像，单击鼠标右键，在弹出的菜单中选择【Power Clip 内部】选项，在其下方矩形上单击，将多余部分图像隐藏，如图 5.110 所示。

图 5.110

8 单击工具箱中的【矩形工具】□按钮，绘制一个白色矩形框，如图 5.111 所示。

9 选中矩形框，按住鼠标左键及 Shift 键的同时向右侧拖动，再按鼠标右键将其复制一份，如图 5.112 所示。

图 5.111

图 5.112

5.4.4　添加细节元素

①　单击工具箱中的【文本工具】**字** 按钮，输入文字，设置【字体】为苹方特粗、Lobster、Yu Gothic UI Semilight，如图 5.113 所示。

②　单击工具箱中的【贝塞尔工具】 按钮，绘制一条稍短线段，设置其【轮廓色】为白色，【轮廓宽度】为 3。

图 5.113

③　在【轮廓笔】对话框中，单击【线条端头】右侧【圆形端头】 图标，完成之后单击 OK 按钮，如图 5.114 所示。

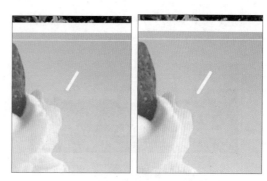

图 5.114

④　选中线段，按住鼠标左键的同时拖动，再按鼠标右键将其复制两份，然后再将线段适当旋转和缩放，如图 5.115 所示。

图 5.115

⑤　打开【导入文件】对话框，选择"图标 .cdr"素材，单击【导入】按钮，将图标放在适当位置，如图 5.116 所示。

图 5.116

6 选中图标，分别将其更改为不同颜色，如图 5.117 所示。

图 5.117

7 单击工具箱中的【文本工具】字按钮，输入文字，设置【字体】为 Arial、Lobster、苹方特粗，如图 5.118 所示。

图 5.118

8 单击工具箱中的【矩形工具】□按钮，绘制一个黑色矩形框，如图 5.119 所示。

图 5.119

9 选中矩形框，按住鼠标左键及 Shift 键的同时向右侧拖动，再按鼠标右键将其复制一份，按 Ctrl+D 组合键执行再制命令，将其再复制两份，如图 5.120 所示。

图 5.120

10 单击工具箱中的【矩形工具】□按钮，在第 2 个矩形位置绘制一个蓝色（R:120，G:204，

B:168）矩形，如图 5.121 所示。

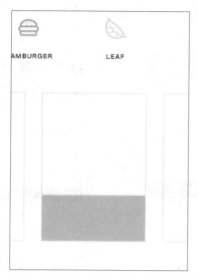

图 5.121

11 打开【导入文件】对话框，选择"石榴 .png""面包 .png""西兰花 .png""花 .png"素材，单击【导入】按钮，将素材图像放在适当位置，如图 5.122 所示。

图 5.122

12 单击工具箱中的【贝塞尔工具】按钮，绘制一个黄色（R:255，G:220，B:138）三角形，如图 5.123 所示。

图 5.123

13 单击工具箱中的【星形工具】☆按钮，在面包图像下方位置按住 Ctrl 键绘制一个黄色（R:248，G:198，B:85）星形，如图 5.124 所示。

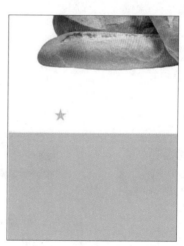

图 5.124

14 选中星形，按住鼠标左键及 Shift 键的同时向右侧拖动，再按鼠标右键将其复制一份，按 Ctrl+D 组合键执行再制命令，将其再复制 3 份，如图 5.125 所示。

15 选中最右侧星形，将其填充更改为无，【轮廓色】更改为黄色（R:248，G:198，B:85），如图 5.126 所示。

图 5.125　　　　　　图 5.126

5.4.5　制作购买按钮

①　单击工具箱中的【矩形工具】▢按钮，绘制一个黑色矩形，如图 5.127 所示。

②　选中黑色矩形，按 Ctrl+C 组合键将其复制，再按 Ctrl+V 组合键将其粘贴。

③　将粘贴的矩形宽度缩小并向左侧平移，如图 5.128 所示。

图 5.127　　　　　　图 5.128

④　选中缩小后的矩形，按住鼠标左键及 Shift 键的同时向右侧拖动，再按鼠标右键将其复制一份，如图 5.129 所示。

⑤　打开【导入文件】对话框，选择"图标

2.cdr"素材，单击【导入】按钮，将素材图像放在绘制的矩形位置，将填充颜色更改为白色，如图 5.130 所示。

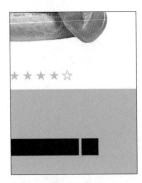

图 5.129　　　　　　图 5.130

⑥　单击工具箱中的【文本工具】字按钮，输入文字，设置【字体】为 Arial。

⑦　单击工具箱中的【椭圆形工具】〇按钮，按住 Ctrl 键绘制一个正圆，设置其颜色为蓝色（R:120，G:204，B:168），如图 5.131 所示。

⑧　选中正圆，按住鼠标左键及 Shift 键的同时向右侧拖动，再按鼠标右键将其复制一份，按 Ctrl+D 组合键执行再制命令，将其再复制一份，如图 5.132 所示。

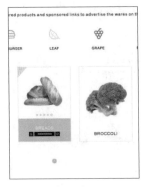

图 5.131　　　　　　图 5.132

⑨　选中最大矩形框，将其轮廓更改为无，至此，农产品主题网页制作完成，最终效果如图 5.133 所示。

图 5.133

5.5 课后上机实操

随着互联网的普及与发展，网站已逐渐成为企业形象宣传、产品展示推广、信息沟通的最方便快捷的互动平台。一个好的网站，不仅能够给人良好的视觉享受，更是一种理念、信息和功能的传达。通过本章的学习，读者可以掌握网站中各种网页的制作方法和技巧。

5.5.1 上机实操 1——汽车网页设计

实例说明

汽车网页设计，本例在设计过程中应以汽车本身特点为基础，通过图形图像的结合，将汽车的整体特点进行放大，同时注意场景的融合。最终效果如图 5.134 所示。

图 5.134

 关键步骤

◆ 导入素材制作背景。

◆ 绘制矩形并变形，导入素材并适当处理。

◆ 添加交互信息，制作边栏文字。

难易程度：★★★☆☆

调用素材：第 5 章 \ 汽车网页设计

源文件：第 5 章 \ 汽车网页设计 .cdr

视频教学

 技巧 在选择【编辑 Power Clip】选项后可适当调整图像位置及大小。

5.5.2 上机实操 2——新品发布首页设计

实例说明

本例讲解新品发布首页设计。通过对半圆和放射背景的制作，体现出新品即将破壳而出的感觉，通过人物剪影和文字，体现欢迎参展人员的意图。最终效果如图 5.135 所示。

图 5.135

关键步骤

◆ 制作放射背景。

◆ 导入素材并处理细节。

◆ 添加文字信息。

难易程度：★ ★ ★ ☆ ☆

调用素材：第 5 章 \ 新品发布首页设计

源文件：第 5 章 \ 新品发布首页设计 .cdr

视频教学

第6章

人气电商广告设计

内容摘要

本章主要讲解人气电商广告设计。电商广告作为当下电商盛行浪潮下的重要组成部分，可以起到非常重要的作用，漂亮的电商广告可以很好地向顾客传达直观的商品信息。本章列举了开学季促销广告设计、狂欢盛典 banner 设计、直通车促销主图设计、厨具家电会员节设计、时尚换季促销广告图设计及电商抽奖页设计。

教学目标

◉ 了解开学季促销广告设计知识

◉ 学习直通车促销主图设计知识

◉ 学会狂欢盛典 banner 设计技能

◉ 掌握电商抽奖页设计技巧

6.1　开学季促销广告设计

实例说明

本例讲解开学季促销广告设计。本例的设计以漂亮的放射背景作为主体元素，通过导入素材图像及输入文字信息，完成整个广告设计制作。最终效果如图 6.1 所示。

视频教学

图 6.1

关键步骤

◆　绘制矩形制作出放射背景效果。

◆　绘制云朵图像并导入素材元素。

◆　输入文字信息，完成最终效果制作。

难易程度：★ ★ ★ ☆ ☆

调用素材：第 6 章 \ 开学季促销广告设计

源文件：第 6 章 \ 开学季促销广告设计 .cdr

操作步骤

6.1.1　打造放射背景

[1] 单击工具箱中的【矩形工具】□按钮，绘制一个蓝色（R:81，G:199，B:249）矩形，如图 6.2 所示。

图 6.2

2 单击工具箱中的【矩形工具】□按钮，绘制一个白色矩形，如图 6.3 所示。

3 单击工具箱中的【封套工具】◫按钮，再单击属性栏中的【直线模式】◪按钮，按住 Shift 键并拖动右下角控制点，将白色矩形透视变形，如图 6.4 所示。

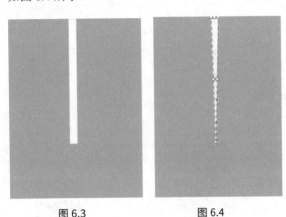

图 6.3   图 6.4

4 在白色图形上双击，将控制中心点移至底部位置，如图 6.5 所示。

5 选中白色图形，按住鼠标左键并向右侧适当旋转，再按鼠标右键将其复制一份，如图 6.6 所示。

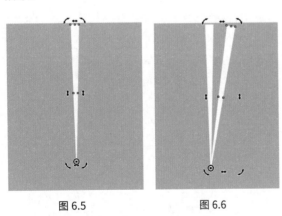

图 6.5   图 6.6

6 按 Ctrl+D 组合键执行再制命令，将白色图形复制多份，如图 6.7 所示。

7 同时选中所有白色图形，单击属性栏中的【焊接】◱按钮，将图形焊接，再增加其宽度，

如图 6.8 所示。

图 6.7

图 6.8

8 将放射图像向右侧稍微移动，如图 6.9 所示。

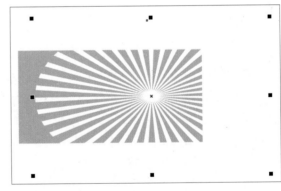

图 6.9

9 选中放射图像，单击鼠标右键，在弹出的菜单中选择【Power Clip 内部】选项，在其下方蓝色图形上单击，将多余部分图形隐藏。

10 选中放射图像，单击鼠标右键，在弹出的菜单中选择【编辑 Power Clip】选项，调整图像位置及大小，如图 6.10 所示。

图 6.10

11 选中放射图像，单击工具箱中的【透明度工具】按钮，在属性栏中将【合并模式】更改为叠加，【透明度】更改为 80，如图 6.11 所示。

图 6.11

6.1.2 绘制主视觉图形

1 单击工具箱中的【椭圆形工具】按钮，按住 Ctrl 键绘制一个正圆，设置其颜色为蓝色（R:131，G:218，B:246），【轮廓色】为白色，【轮廓宽度】为 12，如图 6.12 所示。

2 选中正圆，单击鼠标右键，在弹出的菜单中选择【Power Clip 内部】选项，在其下方图形上单击，将多余部分图形隐藏，如图 6.13 所示。

图 6.12   图 6.13

3 单击工具箱中的【贝塞尔工具】按钮，绘制一个蓝色（R：198，G：237，B：254）图形，如图 6.14 所示。

图 6.14

4 以同样方法在左下角位置再绘制一个白色及蓝色（R：159，G：219，B：245）图形，如图 6.15 所示。

图 6.15

5 同时选中刚绘制的白色和蓝色两个图形，按住鼠标左键及 Shift 键的同时向右侧拖动，再按鼠标右键将其复制一份，如图 6.16 所示。

图 6.16

6 单击属性栏中的【水平镜像】按钮，对图形进行水平翻转，再将图形适当移动。

7 单击工具箱中的【贝塞尔工具】按钮，绘制一个白色云朵图形，如图 6.17 所示。

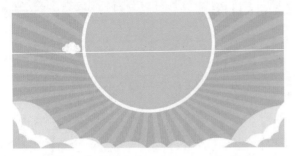

图 6.17

8 选中云朵图形，按住鼠标左键的同时拖动，再按鼠标右键将其复制一份，将复制生成的图形适当缩小，以同样方法再复制数份，如图 6.18 所示。

图 6.18

6.1.3 导入素材并输入文字

1 打开【导入文件】对话框，选择"素材图像 .cdr"素材，单击【导入】按钮，将素材图像放在适当位置，如图 6.19 所示。

图 6.19

2 单击工具箱中的【文本工具】字按钮，输入文字，设置【字体】为汉仪小麦体简、苹方，至此，开学季促销广告制作完成，最终效果如图 6.20 所示。

图 6.20

6.2 狂欢盛典 banner 设计

实例说明

本例讲解狂欢盛典 banner 设计。本例的设计以漂亮的狂欢图像作为主视觉图像，通过绘制多边形并输入文字信息，完成整个 banner 的效果设计。最终效果如图 6.21 所示。

关键步骤

◆ 绘制矩形制作出渐变背景效果。

◆ 绘制矩形制作出主视觉图形。

◆ 导入素材图像并输入文字信息，完成最终效果制作。

难易程度：★★☆☆☆

调用素材：第 6 章 \ 狂欢盛典 banner 设计

源文件：第 6 章 \ 狂欢盛典 banner 设计 .cdr

视频教学

图 6.21

操作步骤

6.2.1 打造渐变背景

1 单击工具箱中的【矩形工具】按钮，绘制一个矩形。

2 选中矩形，单击工具箱中的【交互式填充工具】按钮，再单击属性栏中的【渐变填充】按钮，在图形上拖动，填充橙色（R:254，G:79，B:10）到黄色（R:255，G:235，B:140）的椭圆形渐变，如图 6.22 所示。

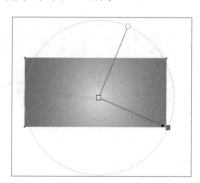

图 6.22

3 单击工具箱中的【贝塞尔工具】按钮，

绘制一个白色三角形，如图 6.23 所示。

4 选中三角形，单击工具箱中的【透明度工具】按钮，在图形上拖动降低其透明度，如图 6.24 所示。

图 6.23　　　　图 6.24

5 选中三角形，按住鼠标左键的同时拖动，再按鼠标右键将其复制一份，以同样方法再将其复制数份，并将部分图形旋转或缩小，如图 6.25 所示。

图 6.25

6.2.2 绘制主视觉图形

1 单击工具箱中的【矩形工具】□按钮，按住 Ctrl 键绘制一个白色正方形，如图 6.26 所示。

2 选中矩形，在选项栏中的【旋转角度】中输入 45，将矩形旋转，再适当缩小其高度，增加图形长度，如图 6.27 所示。

图 6.26   图 6.27

3 单击工具箱中的【交互式填充工具】◇按钮，再单击属性栏中的【渐变填充】■按钮，在图形上拖动，填充橙色（R:207，G:56，B:7）到黄色（R:251，G:184，B:20）的椭圆形渐变，如图 6.28 所示。

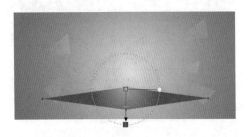

图 6.28

4 单击工具箱中的【贝塞尔工具】✒按钮，沿图形底部边缘绘制一个深红色（R:119，G:23，B:0）图形，制作出厚度效果，如图 6.29 所示。

图 6.29

5 以同样方法在图形底部再绘制一个黑色三角形，制作阴影图形，如图 6.30 所示。

图 6.30

6 选中图形，执行菜单栏中的【位图】|【转换为位图】命令。

7 执行菜单栏中的【效果】|【模糊】|【高斯式模糊】命令，在弹出的对话框中将【半径】更改为 20，完成之后单击 OK 按钮，如图 6.31 所示。

图 6.31

8 选中三角形，单击工具箱中的【透明度工具】▦按钮，在图形上拖动降低其透明度，如图 6.32 所示。

图 6.32

9 单击工具箱中的【矩形工具】□按钮，绘制一个黄色（R:255，G:229，B:97）矩形，如图 6.33 所示。

10 选中矩形，在选项栏中的【旋转角度】

中输入 45，将矩形旋转，再按 Ctrl+C 组合键将其复制，如图 6.34 所示。

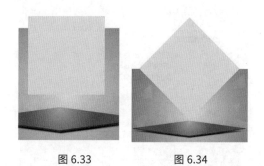

图 6.33　　　　　图 6.34

11 按 Ctrl+V 组合键粘贴图形，将粘贴的图形填充更改为无，【轮廓宽度】更改为 10，【轮廓色】更改为黄色（R:255，G:200，B:97），再将其等比缩小，如图 6.35 所示。

12 选中黄色图形，单击工具箱中的【阴影工具】按钮，在图像上拖动为其添加阴影效果，在选项栏中将【合并模式】更改为叠加，【阴影羽化】更改为 0，如图 6.36 所示。

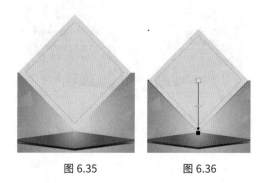

图 6.35　　　　　图 6.36

13 选中两个图形，单击鼠标右键，在弹出的菜单中选择【Power Clip 内部】选项，在其下方图形上单击，将多余部分图形隐藏，如图 6.37 所示。

14 单击工具箱中的【贝塞尔工具】按钮，绘制一个黄色（R:255，G:229，B:97）三角形，如图 6.38 所示。

15 选中三角形，单击工具箱中的【阴影工具】按钮，在图像上拖动为其添加阴影效果，在选项栏中将【合并模式】更改为叠加，【阴影不透明度】更改为 50，【阴影羽化】更改为 0，如图 6.39 所示。

图 6.37

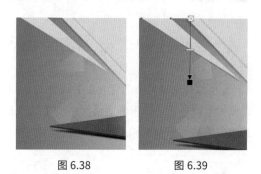

图 6.38　　　　　图 6.39

16 选中三角形，按住鼠标左键及 Shift 键的同时向右侧拖动，再按鼠标右键将其复制一份。

17 单击属性栏中的【水平镜像】按钮，对三角形进行水平翻转，再将三角形适当移动，如图 6.40 所示。

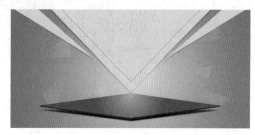

图 6.40

6.2.3　导入素材并进行处理

①　打开【导入文件】对话框，选择"家电.png"
和"红包.png"素材，单击【导入】按钮，将素材
图像放在适当位置，如图6.41所示。

图 6.41

②　选中红包图像，按 Ctrl+C 组合键将其
复制。

③　执行菜单栏中的【效果】|【模糊】|【高
斯式模糊】命令，在弹出的对话框中将【半径】更
改为20，完成之后单击 OK 按钮，如图6.42所示。

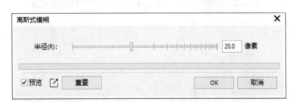

图 6.42

④　执行菜单栏中的【效果】|【模糊】|【动
态模糊】命令，在弹出的对话框中将【距离】更改
为100，【方向】更改为30，完成之后单击 OK 按
钮，如图6.43所示。

图 6.43

⑤　按 Ctrl+V 组合键粘贴红包图像，如图6.44
所示。

图 6.44

⑥　单击工具箱中的【文本工具】**字**按钮，
输入文字，设置【字体】为汉仪尚巍手书 W，如图6.45
所示。

图 6.45

7 选中文字，单击工具箱中的【阴影工具】◻按钮，在文字上拖动为其添加阴影效果。

8 在选项栏中将【阴影颜色】更改为红色（R:120，G:6，B:0），【合并模式】更改为常规，【阴影不透明度】更改为50，【阴影羽化】更改为2，至此，狂欢盛典banner制作完成，最终效果如图6.46所示。

图 6.46

6.3 直通车促销主图设计

 实例说明

本例讲解直通车促销主图设计。本例的设计比较简单，设计重点在于突出主图的视觉表现力，以真实的素材图像作为主视觉图像，同时制作变形艺术字，使得整个图像的视觉效果更加出色。最终效果如图6.47所示。

图 6.47

 关键步骤

视频教学

◆ 绘制矩形制作直通车主图图形。

◆ 导入素材图像并对其进行处理，然后添加文字信息。

◆ 对文字进行变形制作出促销艺术字效果，再导入素材图像，完成最终效果制作。

难易程度：★★☆☆☆

调用素材：第6章\直通车促销主图设计

源文件：第6章\直通车促销主图设计.cdr

 操作步骤

6.3.1 打造主图图形

1️⃣ 单击工具箱中的【矩形工具】□按钮，绘制一个绿色（R:111，G:186，B:44）矩形，如图6.48所示。

图 6.48

2️⃣ 选中矩形，按 Ctrl+C 组合键将其复制。

3️⃣ 按 Ctrl+V 组合键粘贴矩形，将其颜色更改为黑色，再单击工具箱中的【形状工具】按钮，拖动矩形右上角节点，制作出圆角矩形效果，如图 6.49 所示。

4️⃣ 打开【导入文件】对话框，选择"葡萄.jpg"素材，单击【导入】按钮，将素材图像放在圆角矩形位置，如图 6.50 所示。

图 6.49　　　　　图 6.50

5️⃣ 选中图像，单击鼠标右键，在弹出的菜单中选择【Power Clip 内部】选项，在其下方圆角矩形上单击，将多余部分图形隐藏，如图 6.51 所示。

6️⃣ 选中图像，单击鼠标右键，在弹出的菜单中选择【编辑 Power Clip】选项，调整图像位置

及大小，完成之后单击左上角【完成】✓ **完成** 按钮，如图 6.52 所示。

图 6.51　　　　　图 6.52

7️⃣ 单击工具箱中的【矩形工具】□按钮，在图像左上角绘制一个绿色（R:111，G:186，B:44）矩形，如图 6.53 所示。

8️⃣ 单击工具箱中的【椭圆形工具】○按钮，在刚才绘制的矩形右侧位置按住 Ctrl 键绘制一个绿色（R:111，G:186，B:44）正圆，将两个图形焊接在一起，如图 6.54 所示。

图 6.53　　　　　图 6.54

9️⃣ 选中绿色矩形，单击工具箱中的【阴影工具】□按钮，在图像上拖动为其添加阴影效果，在选项栏中将【阴影不透明度】更改为 30，【阴影羽化】更改为 20，如图 6.55 所示。

图 6.55

6.3.2 制作广告艺术字

1️⃣ 单击工具箱中的【文本工具】**字**按钮，输入文字，设置【字体】为 MStiffHei PRC，如图 6.56 所示。

2️⃣ 双击文字，将光标移至左侧中间控制点，按住鼠标左键并向右侧拖动，将其斜切，如图 6.57 所示。

图 6.56　　　　　　　　图 6.57

3️⃣ 单击工具箱中的【椭圆形工具】〇按钮，在文字左侧绘制一个白色圆形，如图 6.58 所示。

4️⃣ 选中白色圆形，按 Ctrl+C 组合键将其复制，再按 Ctrl+V 组合键将其粘贴，将粘贴的圆形颜色更改为黑色，再将其适当缩小，如图 6.59 所示。

图 6.58　　　　　　　　图 6.59

5️⃣ 同时选中白色和黑色两个圆形，单击属性栏中的【修剪】🔲按钮，再将黑色圆形删除，如图 6.60 所示。

6️⃣ 单击工具箱中的【贝塞尔工具】✒按钮，绘制一个黑色图形，如图 6.61 所示。

图 6.60　　　　　　　　图 6.61

7️⃣ 同时选中两个图形，单击属性栏中的【修剪】🔲按钮，再将黑色图形删除，如图 6.62 所示。

8️⃣ 单击工具箱中的【形状工具】⬖按钮，拖动图形节点将其适当变形，如图 6.63 所示。

图 6.62　　　　　　　　图 6.63

9️⃣ 单击工具箱中的【贝塞尔工具】✒按钮，绘制一个白色三角形，如图 6.64 所示。

🔟 单击工具箱中的【贝塞尔工具】✒按钮，再绘制一个指针图形，如图 6.65 所示。

图 6.64　　　　　　　　图 6.65

6.3.3 添加装饰图形

① 单击工具箱中的【矩形工具】□按钮，绘制一个矩形，设置其颜色为无，【轮廓色】为白色，【轮廓宽度】为24，如图6.66所示。

② 单击工具箱中的【形状工具】↖按钮，拖动矩形右上角节点，制作出圆角矩形效果，如图6.67所示。

图6.66　　　　图6.67

③ 单击工具箱中的【贝塞尔工具】✐按钮，绘制一个黑色图形，如图6.68所示。

④ 选中圆角矩形，执行菜单栏中的【对象】|【将轮廓转换为对象】命令，然后同时选中两个图形，单击属性栏中的【修剪】◱按钮，再将黑色图形删除，如图6.69所示。

图6.68　　　　图6.69

⑤ 单击工具箱中的【形状工具】↖按钮，拖动图形节点将其适当变形，如图6.70所示。

⑥ 单击工具箱中的【矩形工具】□按钮，

绘制一个黑色矩形，如图6.71所示。

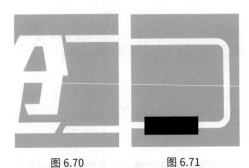

图6.70　　　　图6.71

⑦ 同时选中两个图形，单击属性栏中的【修剪】◱按钮，再将黑色图形删除，如图6.72所示。

⑧ 单击工具箱中的【文本工具】字按钮，输入文字，设置【字体】为苹方，如图6.73所示。

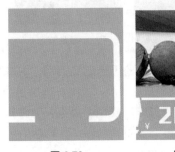 

图6.72　　　　图6.73

⑨ 单击工具箱中的【贝塞尔工具】✐按钮，绘制一个深绿色（R:43，G:130，B:9）图形，如图6.74所示。

⑩ 单击工具箱中的【文本工具】字按钮，输入文字，设置【字体】为苹方，如图6.75所示。

图6.74　　　　图6.75

⑪ 单击工具箱中的【矩形工具】□按钮，

绘制一个矩形，设置其颜色为无，【轮廓色】为白色，【轮廓宽度】为16，如图6.76所示。

12 单击工具箱中的【形状工具】按钮，拖动矩形右上角节点，制作出圆角矩形效果，如图6.77所示。

13 打开【导入文件】对话框，选择"水果标志.cdr"素材，单击【导入】按钮，将素材图像放在左上角位置，如图6.78所示。

14 单击工具箱中的【文本工具】**字**按钮，输入文字，设置【字体】为苹方，至此，直通车促销主图制作完成，最终效果如图6.79所示。

图6.76   图6.77

图6.78   图6.79

6.4 厨具家电会员节设计

 实例说明

本例讲解厨具家电会员节设计。本例的设计将漂亮的素材图像与直观简洁的文字相结合，整个图像的视觉效果简洁漂亮，加入直观的文字信息，具有很好的视觉传达效果。最终效果如图6.80所示。

视频教学

图6.80

 关键步骤

◆ 绘制矩形并制作渐变图形，打造背景。

◆ 导入素材图像并绘制图形，制作整个广告图像主体视觉效果。

◆ 输入文字信息，完成最终效果制作。

难易程度：★★☆☆☆

调用素材：第6章\厨具家电会员节设计

源文件：第6章\厨具家电会员节设计.cdr

▶ 操作步骤

6.4.1 打造立体背景

①　单击工具箱中的【矩形工具】□按钮，绘制一个矩形。

②　单击工具箱中的【交互式填充工具】◇按钮，再单击属性栏中的【渐变填充】■按钮，在图形上拖动，填充浅红色（R:245，G:211，B:201）到浅红色（R:238，G:177，B:158）的线性渐变，如图 6.81 所示。

图 6.81

③　选中矩形，按 Ctrl+C 组合键将其复制，再按 Ctrl+V 组合键将其粘贴。

④　将粘贴的矩形颜色更改为浅红色（R:245，G:225，B:218），再将其高度适当缩小，如图 6.82 所示。

图 6.82

⑤　打开【导入文件】对话框，选择"素材图像 .cdr"素材，单击【导入】按钮，将素材图像放在适当位置，如图 6.83 所示。

图 6.83

⑥　单击工具箱中的【矩形工具】□按钮，绘制一个深黄色（R:176，G:108，B:88）矩形，如图 6.84 所示。

图 6.84

⑦　将矩形移至素材图像底部位置，如图 6.85 所示。

图 6.85

⑧　选中图形，执行菜单栏中的【位图】|【转换为位图】命令。

⑨　执行菜单栏中的【效果】|【模糊】|【高斯式模糊】命令，在弹出的对话框中将【半径】更改为 20，完成之后单击 OK 按钮，如图 6.86 所示。

图 6.86

6.4.2 绘制装饰图形

1️⃣ 单击工具箱中的【矩形工具】▢按钮，绘制一个矩形。

2️⃣ 单击工具箱中的【交互式填充工具】◇按钮，再单击属性栏中的【渐变填充】▦按钮，在图形上拖动，填充浅红色（R:254，G:202，B:180）到浅红色（R:255，G:233，B:224）再到浅红色（R:254，G:202，B:180）的线性渐变，如图 6.87 所示。

3️⃣ 单击工具箱中的【贝塞尔工具】✐按钮，在矩形位置绘制一个深黄色（R:176，G:108，B:88）图形，如图 6.88 所示。

图 6.87　　　　图 6.88

4️⃣ 将深黄色矩形移至黄色渐变矩形的下面，如图 6.89 所示。

5️⃣ 选中图形，执行菜单栏中的【位图】|【转换为位图】命令。

6️⃣ 执行菜单栏中的【效果】|【模糊】|【高斯式模糊】命令，在弹出的对话框中将【半径】更

改为 10，完成之后单击 OK 按钮，如图 6.90 所示。

图 6.89　　　　图 6.90

7️⃣ 选中图像，单击工具箱中的【透明度工具】▦按钮，将【透明度】更改为 50，如图 6.91 所示。

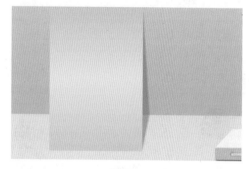

图 6.91

8️⃣ 单击工具箱中的【文本工具】字按钮，输入文字，设置【字体】为苹方。

9️⃣ 单击工具箱中的【交互式填充工具】◇按钮，再单击属性栏中的【渐变填充】▦按钮，在文字上拖动，填充浅红色（R:241，G:192，B:177）到白色再到浅红色（R:241，G:192，B:177）的线性渐变，如图 6.92 所示。

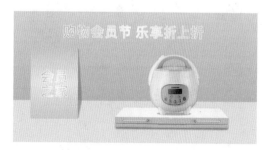

图 6.92

（10）选中文字，单击工具箱中的【阴影工具】🔲按钮，在文字上拖动为其添加阴影效果，在选项栏中将【阴影羽化】更改为5，如图6.93所示。

图 6.93

6.4.3 导入素材图像

（1）打开【导入文件】对话框，选择"素材图像 .cdr"素材，单击【导入】按钮，将部分素材图像放在适当位置，如图6.94所示。

图 6.94

（2）选中素材图像，单击鼠标右键，在弹出的菜单中选择【Power Clip 内部】选项，在其下方图形上单击，将多余部分图像隐藏，如图6.95所示。

图 6.95

（3）单击工具箱中的【椭圆形工具】⭕按钮，

绘制一个深黄色（R:176，G:108，B:88）椭圆图形，将椭圆移至电饭煲图像底部，如图6.96所示。

图 6.96

（4）选中椭圆图形，执行菜单栏中的【位图】|【转换为位图】命令。

（5）执行菜单栏中的【效果】|【模糊】|【高斯式模糊】命令，在弹出的对话框中将【半径】更改为10，完成之后单击 OK 按钮，如图6.97所示。

（6）选中椭圆图像，单击工具箱中的【透明度工具】▨按钮，将其【透明度】更改为50，如图6.98所示。

图 6.97   图 6.98

（7）单击工具箱中的【文本工具】**字**按钮，输入文字，设置【字体】为苹方，至此，厨具家电会员节广告制作完成，最终效果如图6.99所示。

图 6.99

6.5 时尚换季促销广告图设计

实例说明

本例讲解时尚换季促销广告图设计。本例的设计以漂亮的淡蓝色系渐变为主体色彩，同时将网格背景与时尚简约的正圆图形相结合，使整个广告图视觉效果十分简洁漂亮。最终效果如图 6.100 所示。

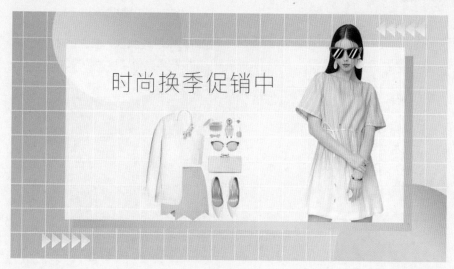

视频教学

图 6.100

关键步骤

◆ 绘制矩形及线段制作出网格背景。

◆ 绘制圆形及矩形制作广告图特效图像。

◆ 导入素材图像及输入文字信息，完成最终效果制作。

难易程度：★★☆☆☆

调用素材：第 6 章 \ 时尚换季促销广告图设计

源文件：第 6 章 \ 时尚换季促销广告图设计 .cdr

操作步骤

6.5.1 制作网格背景

1️⃣ 单击工具箱中的【矩形工具】▢ 按钮，绘制一个矩形。

2️⃣ 单击工具箱中的【交互式填充工具】◈ 按钮，再单击属性栏中的【渐变填充】▰ 按钮，在矩形上拖动，填充浅红色（R:244，G:173，B:189）

到浅蓝色（R:207，G:237，B:255）的线性渐变，如图 6.101 所示。

图 6.101

3 单击工具箱中的【贝塞尔工具】✒按钮，绘制一条线段，设置其【轮廓色】为白色，【轮廓宽度】为 2，如图 6.102 所示。

图 6.102

4 选中线段，按住鼠标左键及 Shift 键的同时向下方拖动，再按鼠标右键将其复制一份，按 Ctrl+D 组合键执行再制命令，将其再复制多份，如图 6.103 所示。

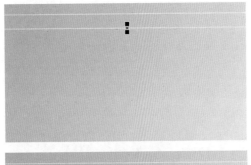

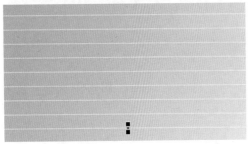

图 6.103

5 选中所有线段，按 Ctrl+C 组合键将其复制，再按 Ctrl+V 组合键将其粘贴，在选项栏中的【旋转角度】中输入 90，将复制的线段旋转，如图 6.104 所示。

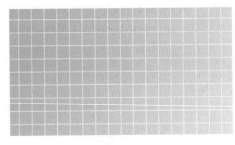

图 6.104

6 选中所有线段，将其向右侧平移，再单击鼠标右键，在弹出的菜单中选择【Power Clip 内部】选项，在其下方矩形上单击，将多余部分图形隐藏，如图 6.105 所示。

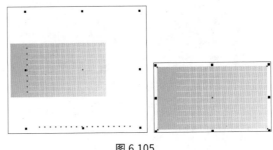

图 6.105

7 选中线段，单击鼠标右键，在弹出的菜单中选择【编辑 Power Clip】选项，调整图像位置及大小，完成之后单击左上角【完成】✔ **完成** 按钮，如图 6.106 所示。

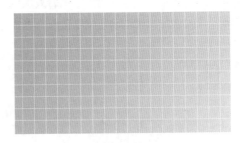

图 6.106

6.5.2 绘制正圆装饰图形

1 单击工具箱中的【椭圆形工具】◯按钮，

按住 Ctrl 键绘制一个正圆。

2️⃣ 单击工具箱中的【交互式填充工具】 🔷 按钮,再单击属性栏中的【渐变填充】 ▊ 按钮,在图形上拖动,填充蓝色(R:111,G:199,B:235)到浅红色(R:255,G:224,B:224)的线性渐变,如图 6.107 所示。

3️⃣ 选中正圆,按住鼠标左键的同时向右下角拖动,再按鼠标右键将其复制一份,将复制生成的正圆适当放大,并更改其渐变颜色,如图 6.108 所示。

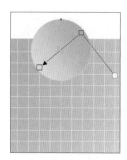 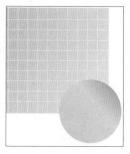

图 6.107　　　　　图 6.108

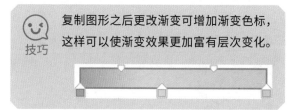

复制图形之后更改渐变可增加渐变色标,这样可以使渐变效果更加富有层次变化。

4️⃣ 选中两个正圆,单击鼠标右键,在弹出的菜单中选择【Power Clip 内部】选项,在其下方图形上单击,将多余部分图形隐藏,如图 6.109 所示。

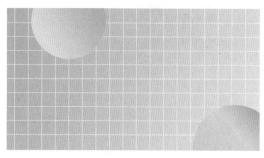

图 6.109

5️⃣ 单击工具箱中的【矩形工具】 ▢ 按钮,绘制一个矩形。

6️⃣ 选中矩形,单击工具箱中的【交互式填充工具】 🔷 按钮,再单击属性栏中的【渐变填充】 ▊ 按钮,在图形上拖动,填充蓝色(R:159,G:183,B:243)到青色(R:175,G:239,B:248)再到紫色(R:223,G:167,B:216)的线性渐变,如图 6.110 所示。

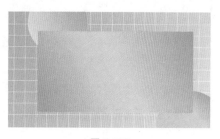

图 6.110

7️⃣ 选中矩形,按 Ctrl+C 组合键将其复制,再按 Ctrl+V 组合键将其粘贴。

8️⃣ 将粘贴的矩形颜色更改为白色,再向左上角适当移动,如图 6.111 所示。

图 6.111

9️⃣ 同时选中两个矩形,单击属性栏中的【修剪】 ▢ 按钮,如图 6.112 所示。

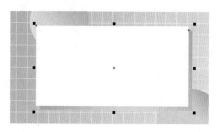

图 6.112

10 选中白色矩形，单击工具箱中的【透明度工具】▓按钮，将图形【透明度】更改为20，如图 6.113 所示。

如图 6.118 所示。

图 6.113

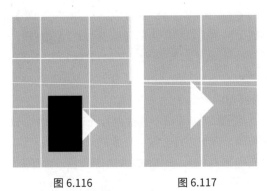

图 6.116   图 6.117

6.5.3 打造三角形装饰图形

1 单击工具箱中的【矩形工具】□按钮，按住 Ctrl 键绘制一个正方形，如图 6.114 所示。

2 选中矩形，在选项栏中的【旋转角度】中输入 45，将矩形旋转，如图 6.115 所示。

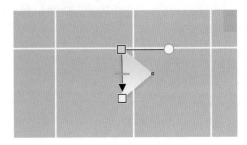

图 6.118

6 选中三角形，按住鼠标左键及 Shift 键的同时向右侧拖动，再按鼠标右键将其复制一份，按 Ctrl+D 组合键执行再制命令，将其再复制数份，如图 6.119 所示。

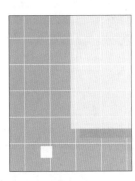

图 6.114   图 6.115

3 单击工具箱中的【矩形工具】□按钮，绘制一个黑色矩形，如图 6.116 所示。

4 同时选中两个图形，单击属性栏中的【修剪】□按钮，然后删除黑色矩形，如图 6.117 所示。

5 单击工具箱中的【交互式填充工具】◇按钮，再单击属性栏中的【渐变填充】▓按钮，在三角形上拖动，填充蓝色（R:169，G:248，B:253）到浅蓝色（R:240，G:249，B:255）的线性渐变，

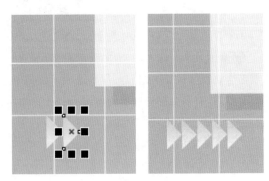

图 6.119

7 选中所有三角形，单击工具箱中的【阴影工具】□按钮，在图像上拖动为其添加阴影效果，在选项栏中将【合并模式】更改为叠加，如图 6.120 所示。

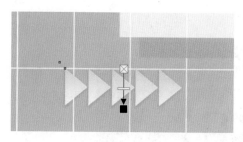

图 6.120

8 选中所有三角形，按住鼠标左键及 Shift 键的同时向右侧拖动，再按鼠标右键将其复制一份。

9 单击属性栏中的【水平镜像】按钮，对图形进行水平翻转，再将图形移动至右上角位置，如图 6.121 所示。

图 6.121

6.5.4 添加素材及文字

1 打开【导入文件】对话框，选择"模特 .png"和"服装搭配 .png"素材，单击【导入】按钮，将素材图像放在适当位置，如图 6.122 所示。

2 单击工具箱中的【矩形工具】按钮，在模特图像底部位置绘制一个矩形，如图 6.123 所示。

3 同时选中矩形及模特图像，单击属性栏中的【修剪】按钮，再将矩形删除，如图 6.124 所示。

图 6.122

图 6.123   图 6.124

4 单击工具箱中的【文本工具】字按钮，输入文字，设置【字体】为苹方，至此，时尚换季促销广告制作完成，最终效果如图 6.125 所示。

图 6.125

6.6 电商抽奖页设计

实例说明

本例讲解电商抽奖页设计。本例的设计以漂亮的抽奖转盘图像作为主视觉图像，通过输入文字信息并对文字进行变形，最后导入素材图像，完成整个抽奖页设计。最终效果如图 6.126 所示。

视频教学

图 6.126

关键步骤

◆ 绘制矩形制作多边形背景。
◆ 绘制立体图形制作多边形装饰图形。
◆ 制作圆环打造抽奖转盘图像。
◆ 输入文字信息及导入素材图像，完成最终效果制作。

难易程度：★★★☆☆
调用素材：第 6 章 \ 电商抽奖页设计
源文件：第 6 章 \ 电商抽奖页设计 .cdr

操作步骤

6.6.1 制作多边形图形

1 单击工具箱中的【矩形工具】按钮，绘制一个红色（R：241，G：51，B：77）矩形，如图 6.127 所示。

图 6.127

2 在矩形靠左侧位置再绘制一个黑色矩形，如图 6.128 所示。

图 6.128

3 双击黑色矩形，将光标移至左侧中间控制点，按住鼠标左键并向右侧拖动，将其斜切，如图 6.129 所示。

图 6.129

4 选中黑色矩形，按住鼠标左键及 Shift 键的同时向右侧拖动，再按鼠标右键将其复制一份，按 Ctrl+D 组合键执行再制命令，将其再复制两份，如图 6.130 所示。

图 6.130

5 选中所有黑色图形，单击工具箱中的【透明度工具】按钮，在属性栏中将【合并模式】更改为叠加，【透明度】更改为 80。

6 选中所有黑色图形，单击鼠标右键，在弹出的菜单中选择【Power Clip 内部】选项，在其下方红色矩形上单击，将多余部分图形隐藏，然后将所有黑色矩形移至红色矩形的下方，如图 6.131 所示。

图 6.131

6.6.2 制作圆环图形

1 单击工具箱中的【椭圆形工具】按钮，按住 Ctrl 键绘制一个蓝色（R:68，G:188，B:241）正圆，如图 6.132 所示。

图 6.132

2 选中正圆，按 Ctrl+C 组合键将其复制，再按 Ctrl+V 组合键将其粘贴。

3 将粘贴的正圆颜色更改为黑色并将其等比缩小，如图 6.133 所示。

4 同时选中蓝色和黑色两个图形，单击属性栏中的【修剪】按钮，再将黑色正圆删除，如图 6.134 所示。

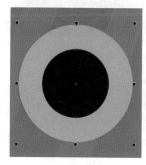

图 6.133   图 6.134

5 选中圆环图形，按 Ctrl+C 组合键将其复制，再按 Ctrl+V 组合键将其粘贴，再将粘贴的圆的颜色更改为黑色，如图 6.135 所示。

6 将黑色圆环适当等比放大，如图 6.136 所示。

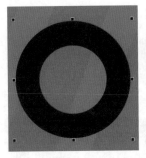

图 6.135　　　　　图 6.136

7 单击工具箱中的【矩形工具】□按钮，绘制一个细长白色矩形，如图 6.137 所示。

8 选中矩形，按 Ctrl+C 组合键将其复制，再按 Ctrl+V 组合键将其粘贴。

9 选中粘贴的矩形，在选项栏中的【旋转角度】中输入 60，将矩形旋转，如图 6.138 所示。

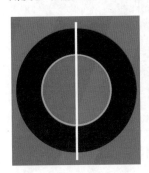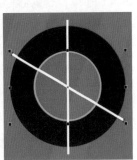

图 6.137　　　　　图 6.138

10 再按 Ctrl+V 组合键将其粘贴。

11 在选项栏中的【旋转角度】中输入 120，将矩形旋转，如图 6.139 所示。

12 同时选中白色矩形及黑色圆环图形，单击属性栏中的【修剪】□按钮，再将白色矩形删除，如图 6.140 所示。

13 在黑色图形上单击鼠标右键，在弹出的菜单中选择【拆分曲线】选项，如图 6.141 所示。

14 选中其中 3 个图形，将其颜色更改为红色（R:254，G:91，B:118），再将余下的 3 个图形

颜色更改为绿色（R:18，G:175，B:154），如图 6.142 所示。

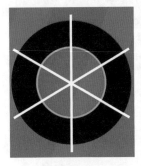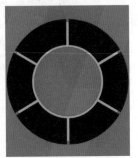

图 6.139　　　　　图 6.140

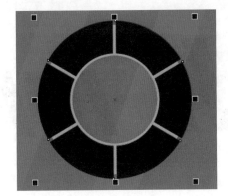

图 6.141

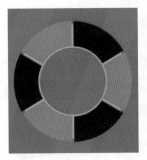

图 6.142

6.6.3 绘制多边形图像

1 单击工具箱中的【贝塞尔工具】✐按钮，

绘制一个红色（R:220，G:24，B:38）三角形，如图 6.143 所示。

2 选中三角形，按 Ctrl+C 组合键将其复制，再按 Ctrl+V 组合键将其粘贴，将粘贴的图形颜色更改为红色（R:254，G:91，B:118），单击工具箱中的【形状工具】按钮，拖动图形节点将其适当变形，如图 6.144 所示。

图 6.143　　　　　图 6.144

3 以同样方法将图形再次复制一份，并将复制的图形颜色更改为红色（R:252，G:45，B:71）图形，再拖动图形节点将其适当变形，如图 6.145 所示。

图 6.145

4 同时选中 3 个图形，按住鼠标左键及 Shift 键的同时向右侧拖动，再按鼠标右键将其复制一份，将复制的图形等比缩小，以同样方法将图形再复制数份，如图 6.146 所示。

图 6.146

6.6.4　制作特效文字

1 单击工具箱中的【文本工具】字按钮，输入文字，设置【字体】为 MStiffHei PRC，如图 6.147 所示。

图 6.147

2 选中文字，执行菜单栏中的【对象】|【转换为曲线】命令。

3 单击工具箱中的【形状工具】按钮，拖动文字节点将其适当变形，如图 6.148 所示。

图 6.148

4 将文字颜色更改为红色（R:160，G:8，B:20），单击工具箱中的【封套工具】按钮，再单击属性栏中的【直线模式】按钮，按住 Shift 键并拖动右下角控制点，将图形透视变形，如图 6.149 所示。

图 6.149

5 选中文字，按 Ctrl+C 组合键将其复制。

6 选中文字，单击工具箱中的【阴影工具】按钮，在文字上拖动为其添加阴影效果，在选项栏中将【阴影不透明度】更改为 50，【阴影羽化】更改为 2，如图 6.150 所示。

图 6.150

7 按 Ctrl+V 组合键粘贴文字。

8 单击工具箱中的【交互式填充工具】按钮，再单击属性栏中的【渐变填充】按钮，在文字上拖动，填充黄色（R:255，G:255，B:102）到浅黄色（R:255，G:255，B:240）再到黄色（R:255，G:255，B:102）的线性渐变，如图 6.151 所示。

图 6.151

9 打开【导入文件】对话框，选择"装饰素材 .cdr"和"红包 .png"素材，单击【导入】按钮，将素材图像放在适当位置，至此，电商抽奖页制作完成，最终效果如图 6.152 所示。

图 6.152

6.7 课后上机实操

电商广告设计过程中主要突出的是商品信息，但有时也会穿插一些活动类页面，通过多种方式的结合，全面提升电商广告设计的实用性，由于广告设计是建立在促进商品交易量基础之上的，因此在广告设计过程中各类活动页面的设计也是必不可少的一部分，通过对本章的学习，读者可以掌握人气电商广告的设计技巧。

6.7.1 上机实操 1——制作秋装上新热促 banner

 实例说明

制作秋装上新热促 banner，本例在制作过程中以艺术化字体为主视觉元素，将整个 banner 的信息进行完美表达。最终效果如图 6.153 所示。

图 6.153

 关键步骤

◆ 输入文字并处理成艺术字。

◆ 绘制指向标签。

◆ 处理其他细节。

难易程度：★★★☆☆

调用素材：第 6 章 \ 制作秋装上新热促 banner

源文件：第 6 章 \ 制作秋装上新热促 banner.cdr

6.7.2 上机实操 2——DJ 音乐汇 banner 设计

 实例说明

DJ 音乐汇 banner 设计，本例以 DJ 图像元素为视觉焦点，与多边形图形相结合，将整个音乐元素完美地体现出来。最终效果如图 6.154 所示。

 关键步骤

◆ 利用三角形和素材制作碎块化图像。

◆ 绘制条纹装饰并渲染图像。

难易程度：★★★☆☆

调用素材：第 6 章 \ DJ 音乐汇 banner 设计

源文件：第 6 章 \DJ 音乐汇 banner 设计 .cdr

视频教学

图 6.154

第 7 章

精致 UI 图标设计

内容摘要

本章主要讲解精致 UI 图标设计。UI 设计是指对软件的人机交互、操作逻辑、界面美观的整体设计，成功的 UI 图标设计不仅令欣赏者心情愉悦，同时也能很好地传递交互信息。本章列举了简约日历应用图标设计、绘画类应用 App 图标设计、天气应用图标设计、导航应用图标设计及相机图标设计，通过对这些实例的实战学习，读者可以掌握 UI 图标设计的相关知识。

教学目标

◉ 了解简约日历应用图标设计技巧　　　◉ 学会绘画类应用 App 图标设计

◉ 学习天气应用图标设计技能　　　　　◉ 掌握导航应用图标设计技巧

7.1 制作视频图标

 实例说明

本例讲解制作视频图标。此款视频图标具有很好的可识别性，其制作过程也比较简单。最终效果如图 7.1 所示。

视频教学

图 7.1

关键步骤

◆ 绘制圆角矩形并填充渐变。

◆ 绘制矩形边框并修剪。

◆ 复制图形并置于图文框内部。

难易程度：★★☆☆☆

调用素材：无

源文件：第 7 章 \ 制作视频图标 .cdr

操作步骤

1 单击工具箱中的【矩形工具】□按钮，绘制一个矩形，设置【轮廓色】为无。

2 单击工具箱中的【交互式填充工具】◇按钮，再单击属性栏中的【渐变填充】■按钮，在图形上拖动，填充青色（R:82，G:237，B:200）到蓝色（R:90，G:200，B:250）的线性渐变，如图 7.2 所示。

3 单击工具箱中的【形状工具】↖按钮，拖动矩形右上角节点，将其转换为圆角矩形，如

图 7.3 所示。

图 7.2   图 7.3

4 单击工具箱中的【矩形工具】□按钮，

在图标顶部位置绘制一个矩形，设置【轮廓色】为无。

5 单击工具箱中的【交互式填充工具】 按钮，再单击属性栏中的【渐变填充】 按钮，在图形上拖动，填充灰色（R:232，G:232，B:232）到白色的线性渐变，如图 7.4 所示。

6 单击工具箱中的【矩形工具】 按钮，在刚才绘制的矩形左侧位置按住 Ctrl 键绘制一个矩形，设置【轮廓色】为深灰色（R:26，G:26，B:26），【轮廓宽度】为 8，如图 7.5 所示。

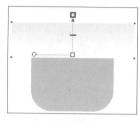 

图 7.4　　　　　　　　图 7.5

7 同时选中镂空矩形，按 Ctrl+C 组合键复制，再按 Ctrl+V 组合键粘贴，在属性栏中的【旋转角度】中输入 45，将矩形旋转，并将矩形高度缩小，如图 7.6 所示。

8 执行菜单栏中的【对象】|【将轮廓转换为对象】命令，单击工具箱中的【形状工具】 按钮，选中矩形左侧节点将其删除，如图 7.7 所示。

9 选中图形后向右侧平移复制，按 Ctrl+D 组合键将图形再次复制 3 份，如图 7.8 所示。

10 同时选中 4 个箭头图形，执行菜单栏中的【对象】|【PowerClip】|【置于图文框内部】命令，将图形放置到下方矩形内部，如图 7.9 所示。

图 7.6　　　　　　　　图 7.7

图 7.8　　　　　　　　图 7.9

11 选中箭头图形及其下方灰色矩形，执行菜单栏中的【对象】|【PowerClip】|【置于图文框内部】命令，将图形放置到下方圆角矩形内部，至此，视频图标制作完成，最终效果如图 7.10 所示。

图 7.10

7.2　制作开关控件

 实例说明

本例讲解制作开关控件。开关控件是 UI 界面中十分常见的设计元素，其形式有多种，本例所讲解的是一款简洁化控件，其制作过程比较简单。最终效果如图 7.11 所示。

视频教学

图 7.11

关键步骤

◆ 绘制圆角矩形并复制。
◆ 添加文字。

难易程度：★☆☆☆☆
调用素材：无
源文件：第 7 章 \ 制作开关控件 .cdr

操作步骤

1 单击工具箱中的【矩形工具】□按钮，绘制一个矩形，设置【填充】为青色（R:36，G:204，B:181），【轮廓色】为无，如图 7.12 所示。

2 单击工具箱中的【形状工具】按钮，拖动矩形右上角节点，将其转换为圆角矩形，如图 7.13 所示。

并等比缩小，如图 7.14 所示。

4 单击鼠标右键，从弹出的快捷菜单中选择【转换为曲线】选项。

5 单击工具箱中的【形状工具】按钮，同时选中圆角矩形右侧节点，向左侧拖动节点将其变形，如图 7.15 所示。

图 7.12　　　图 7.13

图 7.14　　　图 7.15

3 选中图形，按 Ctrl+C 组合键复制，再按 Ctrl+V 组合键粘贴，将粘贴的图形颜色更改为白色，

6 单击工具箱中的【文本工具】字按钮，在右侧位置输入文字（Arial），至此，开关控件制作完成，最终效果如图 7.16 所示。

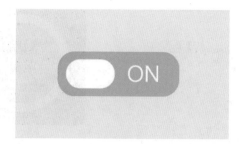

图 7.16

7.3 制作进度转盘

 实例说明

本例讲解制作进度转盘。进度指数是 UI 界面设计中十分常见的设计元素，对整体信息的传达十分直观，在制作过程中要注意渐变颜色的过渡。最终效果如图 7.17 所示。

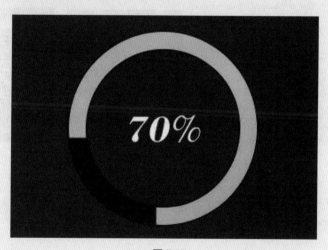

视频教学

图 7.17

 关键步骤

◆ 绘制圆形边框并复制。

◆ 修剪图形并填充渐变。

难易程度：★★☆☆☆

调用素材：无

源文件：第 7 章 \ 制作进度转盘 .cdr

▶ **操作步骤**

1 单击工具箱中的【椭圆形工具】○按钮，按住 Ctrl 键绘制一个正圆，设置【填充】为无，【轮廓色】为深蓝色（R:25，G:25，B:33），【轮廓宽度】为 12，如图 7.18 所示。

2 按 Ctrl+C 组合键复制，再按 Ctrl+V 组合键粘贴，将粘贴的正圆轮廓颜色更改为白色，【轮廓宽度】更改为 10，如图 7.19 所示。

图 7.18　　　　　　　　图 7.19

3 执行菜单栏中的【对象】|【将轮廓转换为对象】命令。

4 单击工具箱中的【矩形工具】□按钮，在正圆左下角绘制一个矩形，如图 7.20 所示。

5 同时选中正圆及左下角矩形，单击属性栏中的【修剪】🏳按钮，对图形进行修剪，如图 7.21 所示。

图 7.20　　　　　　　　图 7.21

6 单击工具箱中的【交互式填充工具】◇按钮，再单击属性栏中的【渐变填充】▮按钮，在图形上拖动，填充黄色（R:255，G:185，B:6）到绿色（R:125，G:200，B:0）的线性渐变，如图 7.22 所示。

7 单击工具箱中的【文本工具】**字**按钮，在转盘中间输入文字（Bodoni Bd BT），至此，进度转盘制作完成，最终效果如图 7.23 所示。

图 7.22　　　　　　　　图 7.23

7.4　简约日历应用图标设计

 实例说明

本例讲解简约日历应用图标设计。本例的设计比较简单，重点在于制作出日历的翻页效果。最终效果如图 7.24 所示。

 关键步骤

◆ 绘制图形制作出图标轮廓。

◆ 输入文字并对文字进行处理，添加文字详情信息，完成最终效果制作。

难易程度：★★☆☆☆

调用素材：无

源文件：第 7 章 \ 简约日历应用图标设计 .cdr

视频教学

图 7.24

操作步骤

7.4.1 制作图标轮廓

① 单击工具箱中的【矩形工具】□按钮，绘制一个矩形，设置【填充】为浅红色（R:249，G:115，B:115），【轮廓色】为白色，【轮廓宽度】为 5 毫米，如图 7.25 所示。

② 单击工具箱中的【形状工具】♦按钮，拖动矩形右上角节点，将其转换为圆角矩形，如图 7.26 所示。

图 7.25　　　　　图 7.26

③ 单击工具箱中的【文本工具】字按钮，输入文字（Arial 粗体），如图 7.27 所示。

④ 单击工具箱中的【矩形工具】□按钮，

在文字上半部分位置绘制一个矩形，同时选中矩形及文字，单击属性栏中的【相交】┗┓按钮，如图 7.28 所示。

图 7.27

图 7.28

⑤ 再同时选中矩形及文字，单击属性栏中的【修剪】┗┓按钮，对图形进行修剪，再将矩形删除，如图 7.29 所示。

⑥ 选中文字下半部分，将其高度适当缩小，如图 7.30 所示。

图 7.29

图 7.30

137

7.4.2 打造翻页效果

1 单击工具箱中的【矩形工具】□按钮，在上半部分文字位置绘制一个矩形，设置【填充】为深红色（R:166，G:88，B:88），【轮廓色】为无，如图 7.31 所示。

2 选中深红矩形，单击工具箱中的【透明度工具】▨按钮，在图像上拖动降低其透明度，如图 7.32 所示。

图 7.31　　　　　　图 7.32

3 单击工具箱中的【矩形工具】□按钮，在文字左侧绘制一个小矩形，设置颜色为白色，轮廓为无，如图 7.33 所示。

4 选中小矩形后向右侧平移复制，如图 7.34 所示。

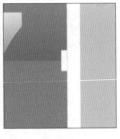

图 7.33　　　　　　图 7.34

5 单击工具箱中的【文本工具】字按钮，在图标右下角位置输入文字（Arial 粗体），至此，简约日历应用图标制作完成，最终效果如图 7.35 所示。

图 7.35

7.5　绘画类应用 App 图标设计

 实例说明

本例讲解绘画类应用 App 图标设计。本例的设计重点在于表现出绘画的主题特征，通过绘制椭圆制作出画盘效果，再添加一些细节元素，完成整个图标的设计。最终效果如图 7.36 所示。

 关键步骤

◆ 绘制矩形并对其进行处理，制作出图标大致轮廓。
◆ 为图标添加细节装饰元素，完成最终效果制作。

难易程度：★★☆☆☆
调用素材：无
源文件：第 7 章 \ 绘画类应用 App 图标设计 .cdr

视频教学

图 7.36

操作步骤

7.5.1 绘制画板底盘

1 单击工具箱中的【矩形工具】□按钮，按住 Ctrl 键绘制一个矩形，设置【填充】为红色（R:250，G:117，B:112），【轮廓色】为无，如图 7.37 所示。

2 单击工具箱中的【形状工具】按钮，拖动矩形右上角节点，将其转换为圆角矩形，如图 7.38 所示。

图 7.37　　　　图 7.38

3 单击工具箱中的【椭圆形工具】○按钮，在圆角矩形上绘制一个椭圆，设置【填充】为灰色（R:180，G:184，B:188），【轮廓色】为无。

4 在椭圆图形靠右下角位置再次绘制一个稍小椭圆，设置【填充】为任意颜色，【轮廓色】为无，如图 7.39 所示。

图 7.39

7.5.2 添加画板元素

1 同时选中两个椭圆图形，单击属性栏中的【修剪】按钮，对图形进行修剪，完成之后将小椭圆移至旁边位置备用，如图 7.40 所示。

2 选中椭圆，按 Ctrl+C 组合键复制，按 Ctrl+V 组合键粘贴，将粘贴的图形【填充】更改为白色，再适当缩小其高度，如图 7.41 所示。

图 7.40 图 7.41

提示

由于是画板颜色，可以根据实际情况更改小椭圆颜色，颜色值并非固定。

3 选中备用椭圆，将其移至大椭圆靠左侧位置并更改其颜色，如图 7.42 所示。

4 选中小椭圆，将其移动复制两份，更改其颜色后将小椭圆移动到合适位置，如图 7.43 所示。

5 单击工具箱中的【贝塞尔工具】按钮，在适当位置绘制一个画笔图形，设置【填充】为深蓝色（R:32，G:47，B:78），【轮廓色】为无，如图 7.44 所示。

6 在笔杆图形左上角位置绘制一个笔头图形，设置【填充】为橘红色（R:255，G:102，B:0），【轮廓色】为无，至此，绘画类应用 App 图标制作完成，最终效果如图 7.45 所示。

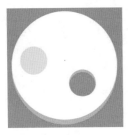 

图 7.42 图 7.43

图 7.44 图 7.45

7.6 天气应用图标设计

 实例说明

本例讲解天气应用图标设计。本例中的图标设计比较简单，通过简单的图形结合即可完成漂亮的天气应用图标设计效果。最终效果如图 7.46 所示。

视频教学

图 7.46

关键步骤

◆ 绘制矩形并对其进行处理，制作出图标轮廓。

◆ 绘制图形制作出图标主视觉图形。

难易程度：★★☆☆☆

调用素材：无

源文件：第 7 章 \ 天气应用图标设计 .cdr

　操作步骤

7.6.1　绘制主体轮廓

1 单击工具箱中的【矩形工具】□按钮，绘制一个矩形，设置【轮廓色】为无。

2 单击工具箱中的【交互式填充工具】◇按钮，再单击属性栏中的【渐变填充】▧按钮，在图形上拖动，填充蓝色（R:30，G:103，B:240）到青色（R:25，G:210，B:253）的线性渐变，如图 7.47 所示。

3 单击工具箱中的【形状工具】↖按钮，拖动矩形右上角节点，将其转换为圆角矩形，如图 7.48 所示。

图 7.47　　　　　　　　图 7.48

7.6.2　添加天气元素

1 单击工具箱中的【椭圆形工具】◯按钮，在圆角矩形位置按住 Ctrl 键绘制一个正圆，设置【填充】为黄色（R:255，G:208，B:0），【轮廓色】为无，

【轮廓宽度】为无，如图 7.49 所示。

2 单击工具箱中的【贝塞尔工具】⤢按钮，在正圆旁边位置绘制一个云朵图形，设置【填充】为白色，【轮廓色】为无，如图 7.50 所示。

图 7.49　　　　　　　　图 7.50

3 选中云朵图形，单击工具箱中的【透明度工具】▨按钮，在图形上拖动降低部分区域透明度，至此，天气应用图标制作完成，最终效果如图 7.51 所示。

图 7.51

7.7 导航应用图标设计

实例说明

本例讲解导航应用图标设计。本例中的图标将漂亮的白色轮廓与绿色、蓝色图形相结合，使整个导航的视觉效果十分舒适自然，同时也突出了导航应用的功能性。最终效果如图 7.52 所示。

图 7.52

关键步骤

◆ 绘制矩形并将其转变为圆角矩形，制作出图标轮廓。

◆ 绘制图形制作出图标控制图像。

难易程度：★★☆☆☆

调用素材：第 7 章 \ 导航应用图标设计

源文件：第 7 章 \ 导航应用图标设计 .cdr

操作步骤

7.7.1 打造图标轮廓

（1）打开【导入文件】对话框，选择"背景 .jpg"素材，单击【导入】按钮，将素材图像放在适当位置。

（2）单击工具箱中的【矩形工具】□ 按钮，按住 Ctrl 键绘制一个正方形，设置其颜色为白色，【轮廓色】为无，如图 7.53 所示。

（3）在属性栏中将【圆角半径】更改为 45，如图 7.54 所示。

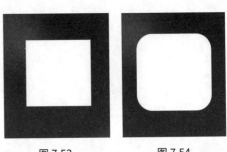

图 7.53　　　　　图 7.54

（4）单击工具箱中的【椭圆形工具】○ 按钮，按住 Ctrl 键绘制一个正圆，设置其颜色为绿色（R:151，G:214，B:0），【轮廓色】为无，如图 7.55

所示。

5 单击工具箱中的【贝塞尔工具】✎按钮，绘制一个不规则线框，设置其颜色为绿色（R:151，G:214，B:0），【轮廓色】为无，【轮廓宽度】为默认，如图 7.56 所示。

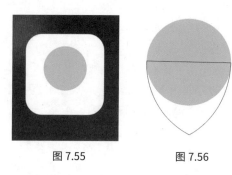

图 7.55　　　　　　图 7.56

6 同时选中两个图形，单击属性栏中的【焊接】⬚按钮，将图形焊接，如图 7.57 所示。

7 单击工具箱中的【椭圆形工具】◯按钮，按住 Ctrl 键绘制一个正圆，设置其颜色为蓝色（R:85，G:167，B:240），【轮廓色】为白色，【轮廓宽度】为 12，如图 7.58 所示。

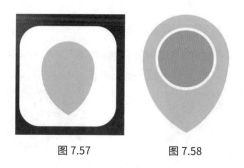

图 7.57　　　　　　图 7.58

7.7.2　制作图标元素

1 单击工具箱中的【矩形工具】▢按钮，按住 Ctrl 键绘制一个正方形，设置其颜色为白色，【轮廓色】为无，如图 7.59 所示。

2 选中矩形，在选项栏中的【旋转角度】中输入 45，将矩形旋转，然后将矩形宽度缩小并

增加其高度，如图 7.60 所示。

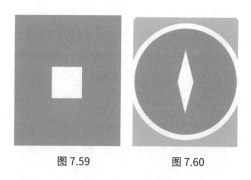

图 7.59　　　　　　图 7.60

3 单击工具箱中的【矩形工具】▢按钮，绘制一个黑色矩形框，如图 7.61 所示。

4 同时选中两个图形，单击属性栏中的【修剪】⬚按钮，再将黑色线框删除，如图 7.62 所示。

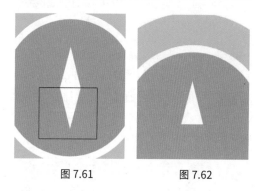

图 7.61　　　　　　图 7.62

5 以同样方法在余下图形左侧位置绘制线框并对图形进行修剪操作，如图 7.63 所示。

图 7.63

6 选中图形，将其颜色更改为绿色（R:151，G:214，B:0），如图 7.64 所示。

7 选中图形，按 Ctrl+C 组合键将其复制，再按 Ctrl+V 组合键将其粘贴。

8 单击属性栏中的【水平镜像】按钮，对图形进行水平翻转，再将图形适当移动后更改其颜色为深绿色（R:137，G:196，B:0），如图 7.65 所示。

7.7.3 添加阴影装饰

1 选中制作的指针图像，单击鼠标右键，在弹出的菜单中选择【组合】选项。

2 单击工具箱中的【阴影工具】按钮，在图像上拖动为其添加阴影效果，在选项栏中将【阴影不透明度】更改为 30，【阴影羽化】更改为 15，如图 7.67 所示。

3 单击工具箱中的【椭圆形工具】按钮，按住 Ctrl 键绘制一个正圆，设置其颜色为白色，【轮廓色】为无，如图 7.68 所示。

图 7.64　　　　图 7.65

9 同时选中两个图形，按 Ctrl+C 组合键将其复制，再按 Ctrl+V 组合键将其粘贴。

10 单击属性栏中的【垂直镜像】按钮，对图形进行垂直翻转，再将图形适当移动后更改其颜色为白色，如图 7.66 所示。

图 7.67　　　　图 7.68

4 调整绘制的图形位置，至此，导航应用图标制作完成，最终效果如图 7.69 所示。

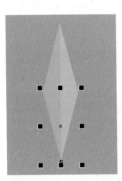 

图 7.66

图 7.69

7.8 相机图标设计

 实例说明

本例讲解相机图标设计。本例中的图标在制作过程中将漂亮的淡绿色与浅灰色图形相搭配，给人一种清新文艺的视觉效果。最终效果如图 7.70 所示。

视频教学

图 7.70

关键步骤

◆ 绘制矩形并将其转变为圆角矩形，制作出图标轮廓。

◆ 绘制正圆图形制作相机镜头效果。

◆ 绘制小正圆并将其转换为位图之后添加高斯式模糊效果，制作相机镜头高光效果。

难易程度：★★☆☆☆

调用素材：无

源文件：第 7 章 \ 相机图标设计 .cdr

操作步骤

7.8.1 打造图标轮廓

1 单击工具箱中的【矩形工具】□按钮，绘制一个矩形，并为矩形添加适当渐变色作为图标背景。

2 单击工具箱中的【矩形工具】□按钮，按住 Ctrl 键绘制一个正方形，设置其颜色为浅绿色（R:247，G:252，B:252），【轮廓色】为无，如图 7.71 所示。

3 在属性栏中将【圆角半径】更改为 15，如图 7.72 所示。

图 7.71　　　　图 7.72

4 选中圆角矩形，按 Ctrl+C 组合键将其复制，再按 Ctrl+V 组合键将其粘贴。

5 将粘贴的图形颜色更改为绿色（R:138，G:200，B:152），再将其等比缩小，如图 7.73 所示。

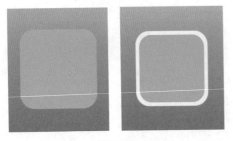

图 7.73

⑥ 单击工具箱中的【矩形工具】□按钮，绘制一个黑色矩形框，如图 7.74 所示。

⑦ 同时选中两个图形，单击属性栏中的【修剪】□按钮，再将黑色矩形框删除，如图 7.75 所示。

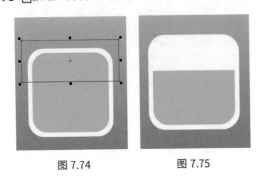

图 7.74　　　　　　图 7.75

7.8.2　绘制镜头图像

① 单击工具箱中的【椭圆形工具】○按钮，按住 Ctrl 键绘制一个正圆，设置其颜色为黑色，按 Ctrl+C 组合键将其复制，如图 7.76 所示。

② 选中黑色正圆，单击工具箱中的【透明度工具】▨按钮，在属性栏中将【透明度】更改为 90，如图 7.77 所示。

图 7.76　　　　　　图 7.77

③ 按 Ctrl+V 组合键粘贴正圆，将粘贴的正圆颜色更改为浅绿色（R:247，G:252，B:252），并适当缩小其直径。

④ 选中正圆，按 Ctrl+C 组合键将其复制，再按 Ctrl+V 组合键将其粘贴。

⑤ 将粘贴的正圆颜色更改为黑色，再将其等比缩小，如图 7.78 所示。

图 7.78

⑥ 以同样方法再复制两份正圆，然后更改其颜色并等比缩小，如图 7.79 所示。

图 7.79

7.8.3　添加高光装饰

① 单击工具箱中的【椭圆形工具】○按钮，绘制一个稍小白色正圆，如图 7.80 所示。

② 选中正圆，执行菜单栏中的【位图】|【转换为位图】命令。

③ 执行菜单栏中的【效果】|【模糊】|【高斯式模糊】命令，在弹出的对话框中将【半径】更改为 15，完成之后单击 OK 按钮，如图 7.81 所示。

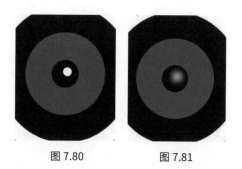

图 7.80　　　　　图 7.81

4 选中模糊图像，按 Ctrl+C 组合键将其复制，再按 Ctrl+V 组合键将其粘贴，将粘贴的图像等比缩小，如图 7.82 所示。

5 单击工具箱中的【椭圆形工具】○按钮，按住 Ctrl 键绘制一个正圆，设置其颜色为红色（R:250，G:75，B:70），【轮廓色】为无，至此，相机图标制作完成，最终效果如图 7.83 所示。

图 7.82　　　　　图 7.83

7.9　课后上机实操

　　UI 图标作为当下相当火热的设计内容之一，具有多种多样的风格，随着电子设备的更新，当今的 UI 图标更是向着扁平化、轻量化、流行风格的方向发展，其表现形式也多种多样，在不同设备上，各种应用都对应有不同风格的图标。通过对本章的学习，读者可以快速地掌握 UI 图标的制作。

7.9.1　上机实操 1——温度计应用图标设计

 实例说明

　　温度计应用图标设计，本例中图标以圆角矩形作为轮廓图形，以漂亮的温度计图形作为辅助图形，整个图标具有明显的温度计特征。最终效果如图 7.84 所示。

 关键步骤

◆ 绘制线段和圆形组合。

◆ 制作图形并填充其他颜色。

◆ 绘制刻度线并复制。

难易程度：★★☆☆☆

调用素材：无

源文件：第 7 章 \ 温度计应用图标设计 .cdr

视频教学

图 7.84

7.9.2 上机实操 2——简洁照片图标设计

 实例说明

简洁照片图标设计，本例中的图标在制作过程中以矩形为基础图形，通过将其变形并绘制装饰图像，完成整个图标的效果制作。最终效果如图 7.85 所示。

 关键步骤

◆ 绘制圆角矩形并填充渐变。

◆ 绘制三角形并通过复制填充不同颜色，制作艺术图形。

◆ 绘制圆形并添加高斯模糊。

难易程度：★☆☆☆☆

调用素材：无

源文件：第 7 章\简洁照片图标设计 .cdr

视频教学

图 7.85

第8章
漂亮移动媒体界面设计

内容摘要

本章主要讲解漂亮移动媒体界面设计。移动媒体界面的设计重点在于用户的视觉体验与人机交互，整个设计过程与传统的平面设计类似，不同之处在于移动媒体界面的设计需要注意界面的色彩及元素的搭配。本章中列举了动感音乐播放界面设计、个人时尚应用界面设计及直播应用界面设计等实例，通过对这些实例的学习，读者可以掌握移动媒体界面设计的相关知识。

教学目标

◉ 学习动感音乐播放界面设计知识　　◉ 了解个人时尚应用界面设计技巧

◉ 学会直播应用界面设计

8.1 动感音乐播放界面设计

 实例说明

本例讲解动感音乐播放界面设计。本例的设计重点在于表现出界面的控件细节，同时利用漂亮的装饰元素，能给用户一种赏心悦目的视觉享受。最终效果如图 8.1 所示。

视频教学

图 8.1

关键步骤

◆ 绘制图形并导入素材图像，制作动感背景。

◆ 绘制线段制作出音量控件元素。

◆ 再次绘制图形并导入素材，制作出界面主体视觉图像。

◆ 为界面添加手机模型并制作出真实倒影，完成最终效果制作。

难易程度：★★☆☆☆

调用素材：第 8 章 \ 动感音乐播放界面设计

源文件：第 8 章 \ 动感音乐播放界面设计 .cdr

 操作步骤

8.1.1 打造主界面背景

1 单击工具箱中的【矩形工具】▢按钮，绘制一个白色矩形，如图 8.2 所示。

2 打开【导入文件】对话框，选择"背景 .jpg"素材，单击【导入】按钮，将素材图像放在适当位置，如图 8.3 所示。

图 8.2

图 8.3

3 选中图像，单击鼠标右键，在弹出的菜
单中选择【Power Clip 内部】选项，在其下方矩形
上单击，将多余部分图形隐藏，如图 8.4 所示。

图 8.4

4 选中图像，单击鼠标右键，在弹出的菜
单中选择【编辑 Power Clip】选项。

5 执行菜单栏中的【效果】|【模糊】|【高
斯式模糊】命令，在弹出的对话框中将【半径】更
改为 100，单击 OK 按钮，完成之后单击左上角【完
成】✓ 完成按钮，如图 8.5 所示。

图 8.5

8.1.2 添加专辑图像

1 单击工具箱中的【椭圆形工具】◯按钮，

按住 Ctrl 键绘制一个正圆，设置其颜色为无，【轮
廓色】为白色，【轮廓宽度】为 10。

2 选中正圆，单击工具箱中的【透明度工具】
🏁按钮，在属性栏中将【透明度】更改为 60，如图 8.6
所示。

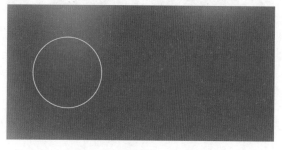

图 8.6

3 选中正圆，按 Ctrl+C 组合键将其复制，
再按 Ctrl+V 组合键将其粘贴，将粘贴的正圆颜色
更改为白色，再将其适当等比缩小，如图 8.7 所示。

4 打开【导入文件】对话框，选择"封面
图像 .jpg"素材，单击【导入】按钮，将素材图像
放在正圆位置，如图 8.8 所示。

图 8.7   图 8.8

5 选中图像，单击鼠标右键，在弹出的菜
单中选择【Power Clip 内部】选项，在其下方图形
上单击，将多余部分图像隐藏，如图 8.9 所示。

6 选中图像，单击鼠标右键，在弹出的菜
单中选择【编辑 Power Clip】选项，调整图像位置
及大小，完成之后单击左上角【完成】✓ 完成按钮，
如图 8.10 所示。

图 8.9　　　　　图 8.10

7 选中最外侧正圆，按 Ctrl+C 组合键将其复制，再按 Ctrl+V 组合键将其粘贴。

8 将粘贴的正圆等比缩小，如图 8.11 所示。

图 8.11

9 单击工具箱中的【贝塞尔工具】 按钮，绘制一条水平线段，设置其【轮廓色】为白色，【轮廓宽度】为 15，如图 8.12 所示。

图 8.12

10 选中线段，按 Ctrl+C 组合键将其复制。

11 选中线段，单击工具箱中的【透明度工具】 按钮，在属性栏中将【合并模式】更改为叠加，【透明度】更改为 50，如图 8.13 所示。

图 8.13

8.1.3 添加控件素材

1 打开【导入文件】对话框，选择"图标 .cdr"素材，单击【导入】按钮，将音量素材图像放在刚才绘制的线段左侧位置，如图 8.14 所示。

图 8.14

2 按 Ctrl+V 组合键粘贴线段，再适当缩小其长度，如图 8.15 所示。

3 单击工具箱中的【文本工具】 字 按钮，输入文字，设置【字体】为苹方。

4 选中部分文字，单击工具箱中的【透明度工具】 按钮，在属性栏中将【合并模式】更改为叠加，如图 8.16 所示。

图 8.15　　　　　图 8.16

5 在文字左侧位置创建一条垂直辅助线，以更好地将文字等元素进行对齐排列，如图 8.17 所示。

图 8.17

8.1.4 绘制界面控制按钮

1 单击工具箱中的【矩形工具】□按钮，按住 Ctrl 键绘制一个白色正方形，如图 8.18 所示。

2 选中正方形，在选项栏中的【旋转角度】中输入 45，将正方形旋转，如图 8.19 所示。

图 8.18   图 8.19

3 单击工具箱中的【形状工具】⤵按钮，拖动正方形右上角节点，制作出圆角正方形效果，如图 8.20 所示。

4 适当缩小矩形高度，如图 8.21 所示。

5 单击工具箱中的【矩形工具】□按钮，绘制一个黑色矩形，如图 8.22 所示。

6 同时选中两个图形，单击属性栏中的【修剪】⤵按钮，再将黑色矩形删除，如图 8.23 所示。

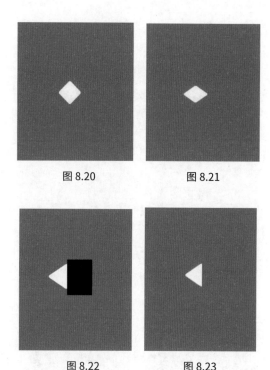

图 8.20   图 8.21

图 8.22   图 8.23

7 选中经过修剪的图形，单击工具箱中的【透明度工具】▨按钮，在属性栏中将【透明度】更改为 20，如图 8.24 所示。

图 8.24

8 选中图形，按住鼠标左键的同时拖动，再按鼠标右键将其复制一份，如图 8.25 所示。

9 同时选中两个图形，以同样方法将其再复制一份，单击属性栏中的【水平镜像】⤵按钮，对图形进行水平翻转，再将图形适当移动，如图 8.26 所示。

图 8.25   图 8.26

10 单击工具箱中的【矩形工具】□按钮，绘制一个矩形，如图 8.27 所示。

11 单击工具箱中的【形状工具】🔧按钮，拖动矩形右上角节点，制作出圆角矩形效果，如图 8.28 所示。

图 8.27   图 8.28

12 选中圆角矩形，单击工具箱中的【透明度工具】▨按钮，在属性栏中将【透明度】更改为 20，如图 8.29 所示。

13 选中圆角矩形，按住鼠标左键的同时拖动，再按鼠标右键将其复制一份，如图 8.30 所示。

图 8.29   图 8.30

14 同时选中中间两个圆角矩形，向右侧稍微平移，放在中间位置，如图 8.31 所示。

15 同时选中刚才绘制的图形，向左侧平移至辅助线右侧位置，将图形与文字对齐，如图 8.32 所示。

图 8.31   图 8.32

8.1.5　添加进度指示条

1 单击工具箱中的【贝塞尔工具】✒按钮，绘制一条水平线段，设置其【轮廓色】为白色，【轮廓宽度】为 15，如图 8.33 所示。

2 选中线段，按 Ctrl+C 组合键将其复制，单击工具箱中的【透明度工具】▨按钮，在属性栏中将【合并模式】更改为叠加，如图 8.34 所示。

图 8.33   图 8.34

3 按 Ctrl+V 组合键粘贴线段，适当缩小粘贴的线段长度，如图 8.35 所示。

4 单击工具箱中的【椭圆形工具】◯按钮，

按住 Ctrl 键绘制一个白色正圆, 如图 8.36 所示。

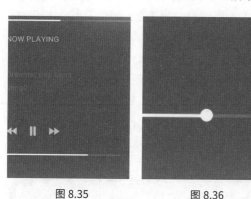

图 8.35　　　　　图 8.36

5 单击工具箱中的【文本工具】**字**按钮, 输入文字, 设置【字体】为苹方, 如图 8.37 所示。

图 8.37

6 单击工具箱中的【椭圆形工具】◯按钮, 按住 Ctrl 键绘制一个正圆, 设置其颜色为无,【轮廓色】为白色,【轮廓宽度】为 10。

7 选中正圆, 单击工具箱中的【透明度工具】▨按钮, 在属性栏中将【透明度】更改为 50, 如图 8.38 所示。

图 8.38

8 打开【导入文件】对话框, 选择"图标 .cdr" 素材, 单击【导入】按钮, 将心形素材图像放在适当位置, 如图 8.39 所示。

9 选中心形素材, 单击工具箱中的【透明度工具】▨按钮, 在属性栏中将【合并模式】更改为叠加, 如图 8.40 所示。

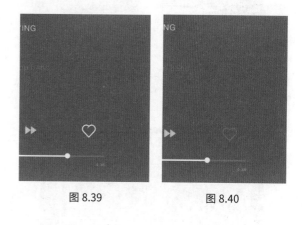

图 8.39　　　　　图 8.40

8.1.6　制作展示效果

1 打开【导入文件】对话框, 选择"手机 .png" 素材, 单击【导入】按钮, 将素材图像放在适当位置, 如图 8.41 所示。

图 8.41

2 单击工具箱中的【贝塞尔工具】✐按钮, 绘制一个黑色图形, 如图 8.42 所示。

3 同时选中两个图形, 单击属性栏中的【修剪】▢按钮, 再将黑色图形删除, 如图 8.43 所示。

图 8.42   图 8.43

4 以同样方法将其他几个边角多余部分图形进行修剪，如图 8.44 所示。

图 8.44

5 选中所有图像，按 Ctrl+C 组合键将其复制，单击属性栏中的【垂直镜像】 按钮，对图像进行垂直翻转，再将图像适当移动。

6 执行菜单栏中的【位图】|【转换为位图】命令。

7 选中图像，单击工具箱中的【透明度工具】 按钮，在图像上拖动制作倒影效果，至此，动感音乐播放界面制作完成，最终效果如图 8.45 所示。

图 8.45

8.2   个人时尚应用界面设计

 实例说明

本例讲解个人时尚应用界面设计。本例的设计以简洁的视觉效果为主，通过添加素材图像及处理按钮元素，即可完成整个界面的效果设计。最终效果如图 8.46 所示。

 关键步骤

◆ 绘制界面图形制作背景。
◆ 添加素材并处理素材图像，制作按钮控件效果。
◆ 添加文字信息，完成最终效果制作。

难易程度：★★★☆☆

调用素材：第 8 章 \ 个人时尚应用界面设计

源文件：第 8 章 \ 个人时尚应用界面设计 .cdr

视频教学

图 8.46

操作步骤

8.2.1 处理界面素材图像

1 单击工具箱中的【矩形工具】按钮，绘制一个矩形，设置矩形为浅绿色（R：237，G：246，B：245），如图 8.47 所示。

2 打开【导入文件】对话框，选择"背景.jpg"素材，单击【导入】按钮，将其放在矩形上半部分位置，如图 8.48 所示。

3 选中图像，单击鼠标右键，在弹出的菜单中选择【Power Clip 内部】选项，在其下方矩形上单击，将多余部分图像隐藏，如图 8.49 所示。

4 选中图像，单击鼠标右键，在弹出的菜单中选择【编辑 Power Clip】选项，调整素材图像位置及大小，如图 8.50 所示。

图 8.47　　　　　　图 8.48

图 8.49　　　　　　图 8.50

8.2.2　打造波纹图像

1 单击工具箱中的【椭圆形工具】○按钮，按住 Ctrl 键绘制一个正圆，设置其颜色为无，轮廓颜色为白色，轮廓宽度为默认，如图 8.51 所示。

2 选中圆形，按 Ctrl+C 组合键将其复制，再按 Ctrl+V 组合键将其粘贴，将粘贴的圆形等比缩小，如图 8.52 所示。

图 8.51　　　　　图 8.52

3 单击工具箱中的【混合工具】按钮，选中其中一个图形后向另外图形上拖动，创建混合效果，如图 8.53 所示。

4 选中中间正圆，将其颜色更改为紫色（R:127，G:106，B:242），如图 8.54 所示。

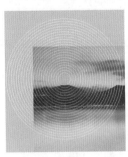 

图 8.53　　　　　图 8.54

5 单击工具箱中的【矩形工具】□按钮，绘制一个矩形，设置矩形为白色，如图 8.55 所示。

6 选中矩形，在选项栏中的【旋转角度】中输入 45，将矩形旋转，再将其高度缩小，如图 8.56 所示。

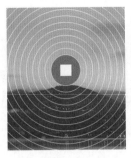 

图 8.55　　　　　图 8.56

7 单击工具箱中的【矩形工具】□按钮，绘制一个黑色矩形，如图 8.57 所示。

8 同时选中黑色矩形及白色图形，单击属性栏中的【修剪】按钮，再将黑色矩形删除，如图 8.58 所示。

 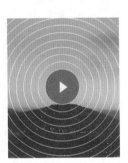

图 8.57　　　　　图 8.58

9 选中波纹图形，单击工具箱中的【透明度工具】按钮，在图形上拖动降低其透明度，如图 8.59 所示。

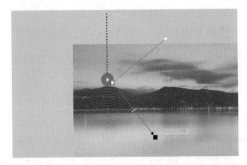

图 8.59

10 选中波纹图像，单击鼠标右键，在弹出的菜单中选择【组合】选项，如图 8.60 所示。

11 选中图像，单击鼠标右键，在弹出的菜单中选择【Power Clip 内部】选项，在其下方图像上单击，将多余部分图像隐藏，如图 8.61 所示。

图 8.60   图 8.61

12 打开【导入文件】对话框，选择"状态栏 .png"素材，单击【导入】按钮，将其放在界面顶部位置，如图 8.62 所示。

13 单击工具箱中的【文本工具】**字**按钮，输入文字，设置【字体】为 Microsoft YaHei UI，如图 8.63 所示。

图 8.62   图 8.63

8.2.3　制作头像

1 单击工具箱中的【椭圆形工具】〇按钮，按住 Ctrl 键绘制一个正圆，设置其颜色为白色，【轮廓色】为白色，【轮廓宽度】为 2，如图 8.64 所示。

图 8.64

2 打开【导入文件】对话框，选择"头像 .jpg"素材，单击【导入】按钮，将其放在正圆旁边位置，如图 8.65 所示。

3 选中图像，单击鼠标右键，在弹出的菜单中选择【Power Clip 内部】选项，在其下方圆形上单击，将多余部分图像隐藏，如图 8.66 所示。

图 8.65   图 8.66

4 选中图像，单击鼠标右键，在弹出的菜单中选择【编辑 Power Clip】选项，调整图像位置与大小，如图 8.67 所示。

图 8.67

8.2.4 绘制按钮图像

1 单击工具箱中的【矩形工具】□按钮，
按住 Ctrl 键绘制一个矩形，设置矩形为白色，在选
项栏中将【圆角半径】更改为3，如图 8.68 所示。

图 8.68

2 选中矩形，按住鼠标左键及 Shift 键的同
时向右侧拖动，再按鼠标右键将其平移复制一份。

3 同时选中两个矩形，以同样方法将其向
下复制一份，如图 8.69 所示。

图 8.69

4 单击工具箱中的【矩形工具】□按钮，
在界面底部绘制一个矩形，设置矩形为白色，如
图 8.70 所示。

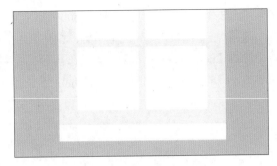

图 8.70

5 单击工具箱中的【矩形工具】□按钮，
绘制一个矩形，设置矩形为蓝色（R:89，G:189，
B:241），在选项栏中将【圆角半径】更改为3，
如图 8.71 所示。

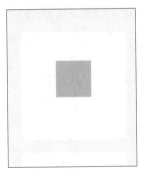

图 8.71

6 单击工具箱中的【矩形工具】□按钮，
再次绘制一个白色矩形，并将矩形适当旋转，然后
在选项栏中将【圆角半径】更改为1，如图 8.72 所示。

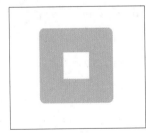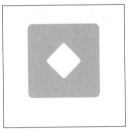

图 8.72

7 选中矩形，执行菜单栏中的【对象】|【转
换为曲线】命令。

8 单击工具箱中的【形状工具】按钮，拖动图形左侧节点将其变形，如图 8.73 所示。

9 选中变形后的图形，将其向左侧移动至蓝色图形中间位置，如图 8.74 所示。

图 8.73 图 8.74

10 单击工具箱中的【椭圆形工具】按钮，按住 Ctrl 键绘制一个正圆，设置其颜色为绿色（R:104，G:228，B:158），按 Ctrl+C 组合键将其复制，如图 8.75 所示。

11 按 Ctrl+V 组合键粘贴图形，设置其颜色为白色，轮廓颜色为紫色（R:151，G:145，B:243），轮廓宽度为 10，如图 8.76 所示。

图 8.75 图 8.76

12 单击工具箱中的【矩形工具】按钮，按住 Ctrl 键绘制一个矩形，设置矩形为绿色（R:62，G:222，B:188），在选项栏中将【圆角半径】更改为 2，如图 8.77 所示。

13 单击工具箱中的【椭圆形工具】按钮，按住 Ctrl 键绘制一个小正圆，设置其颜色为白色，如图 8.78 所示。

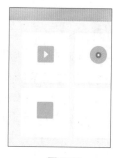 

图 8.77 图 8.78

8.2.5 处理按钮细节

1 单击工具箱中的【贝塞尔工具】按钮，在绿色矩形右下角位置绘制一个白色三角形，如图 8.79 所示。

2 选中白色三角形，单击鼠标右键，在弹出的菜单中选择【Power Clip 内部】选项，在其下方图形上单击，将多余部分图形隐藏，如图 8.80 所示。

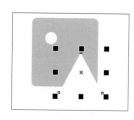 

图 8.79 图 8.80

3 以同样方法在其左侧再次绘制一个稍小三角形，并单击工具箱中的【透明度工具】按钮，将其【透明度】更改为 30，如图 8.81 所示。

图 8.81

4 选中左侧绿色图形，按住鼠标左键及
Shift 键的同时向右侧拖动，再按鼠标右键将其平
移复制一份，将复制生成的图形颜色更改为紫色
（R:151，G:145，B:243），如图 8.82 所示。

5 选中图形，按 Ctrl+C 组合键将其复制，
单击工具箱中的【透明度工具】🔲按钮，将图形【透
明度】更改为 80，如图 8.83 所示。

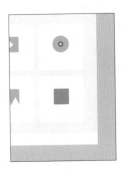 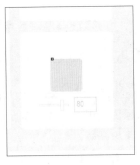

图 8.82　　　　　　　图 8.83

6 按 Ctrl+V 组合键将图形粘贴，将粘贴的
图形【透明度】更改为 50，再将其高度缩小，如图 8.84
所示。

7 再次按 Ctrl+V 组合键将图形粘贴，将粘
贴的图形【透明度】更改为 0，再将其高度缩小，
如图 8.85 所示。

图 8.84　　　　　　　图 8.85

8 单击工具箱中的【文本工具】**字**按钮，
输入文字，设置【字体】为 Microsoft YaHei UI，
如图 8.86 所示。

9 打开【导入文件】对话框，选择"图标.cdr"
素材，单击【导入】按钮。

10 将图标放在界面相应位置，并将其轮廓

颜色更改为紫色（R:151，G:145，B:243），【轮
廓宽度】更改为 2，如图 8.87 所示。

图 8.86　　　　　　　图 8.87

8.2.6　制作功能详情界面

1 单击工具箱中的【矩形工具】▢按钮，
绘制一个与左侧界面相同的矩形，设置矩形颜色为
浅绿色（R:237，G:246，B:245），如图 8.88 所示。

图 8.88

2 选中矩形，按 Ctrl+C 组合键将其复制，
再按 Ctrl+V 组合键将其粘贴。

3 将粘贴的矩形颜色更改为白色，再缩小
其高度，如图 8.89 所示。

4 打开【导入文件】对话框，选择"状态
栏 2.png"素材，单击【导入】按钮，将其放在界
面顶部位置，如图 8.90 所示。

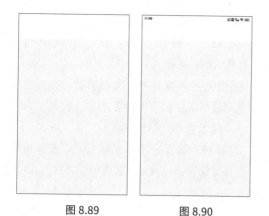

图 8.89   图 8.90

⑤ 单击工具箱中的【文本工具】**字**按钮，输入文字，设置【字体】为 Microsoft YaHei UI，如图 8.91 所示。

图 8.91

8.2.7 打造按钮

① 单击工具箱中的【贝塞尔工具】按钮，绘制两条线段制作出箭头朝向效果，设置其【轮廓宽度】为 3，颜色为紫色（R:127，G:106，B:242），如图 8.92 所示。

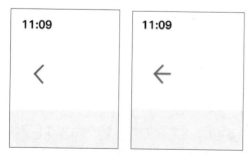

图 8.92

② 以同样方法再绘制两条线段制作出加号图像，如图 8.93 所示。

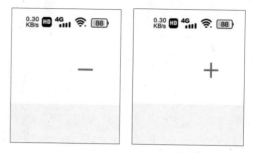

图 8.93

③ 单击工具箱中的【矩形工具】按钮，绘制一个矩形，设置矩形为白色，在选项栏中将【圆角半径】更改为 3，如图 8.94 所示。

图 8.94

④ 打开【导入文件】对话框，选择"图像.jpg"素材，单击【导入】按钮，将其放在界面顶部位置，如图 8.95 所示。

⑤ 选中图像，单击鼠标右键，在弹出的菜单中选择【Power Clip 内部】选项，在其下方图形上单击，将多余部分图像隐藏。

⑥ 选中图像，单击鼠标右键，在弹出的菜单中选择【编辑 Power Clip】选项，调整图像位置，如图 8.96 所示。

⑦ 单击工具箱中的【文本工具】**字**按钮，输入文字，设置【字体】为 Microsoft YaHei UI，如图 8.97 所示。

图 8.95

图 8.96

图 8.97

(8) 单击工具箱中的【矩形工具】□按钮，按住 Ctrl 键绘制一个正方形，设置其颜色为白色，在选项栏中将【圆角半径】更改为3，如图 8.98 所示。

(9) 选中正方形，按住鼠标左键及 Shift 键的同时向右侧拖动，再按鼠标右键将其平移复制两份，如图 8.99 所示。

图 8.98

图 8.99

(10) 打开【导入文件】对话框，选择"图像2.jpg"素材，单击【导入】按钮，将其放在适当位置，如图 8.100 所示。

(11) 选中图像，单击鼠标右键，在弹出的菜单中选择【Power Clip 内部】选项，在其下方图形上单击，将多余部分图像隐藏。

(12) 选中图像，单击鼠标右键，在弹出的菜单中选择【编辑 Power Clip】选项，调整图像位置，如图 8.101 所示。

图 8.100　　　　图 8.101

(13) 以同样方法导入其他几个素材图像并将多余部分隐藏，如图 8.102 所示。

图 8.102

(14) 单击工具箱中的【文本工具】字按钮，输入文字，设置【字体】为 Microsoft YaHei UI，如图 8.103 所示。

(15) 单击工具箱中的【矩形工具】□按钮，绘制一个矩形，在选项栏中将【圆角半径】更改为3，如图 8.104 所示。

图 8.103

 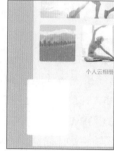

图 8.104

16 选中矩形，按住鼠标左键及 Shift 键的同时向右侧拖动，再按鼠标右键将其平移复制两份，如图 8.105 所示。

图 8.105

8.2.8 打造二级界面

1 打开【导入文件】对话框，选择"图像 5.jpg"素材，单击【导入】按钮，将其放在适当位置，如图 8.106 所示。

2 选中图像，单击鼠标右键，在弹出的菜单中选择【Power Clip 内部】选项，在其下方图形

上单击，将多余部分图像隐藏，如图 8.107 所示。

图 8.106　　　　　　图 8.107

3 打开【导入文件】对话框，选择"图像 6.jpg"素材，单击【导入】按钮，将其放在适当位置，并以刚才同样的方法将部分图像隐藏，如图 8.108 所示。

图 8.108

4 以刚才同样方法导入"图像 7.jpg"素材并将部分图像隐藏，如图 8.109 所示。

图 8.109

5 同时选中图像 5 及图像 7，利用【Power Clip 内部】命令将其超出界面的部分隐藏，如图 8.110 所示。

图 8.110

6 单击工具箱中的【文本工具】**字**按钮，输入文字，设置【字体】为 Microsoft YaHei UI，如图 8.111 所示。

图 8.111

7 单击工具箱中的【椭圆形工具】◯按钮，在图像 5 右下角按住 Ctrl 键绘制一个正圆，设置其颜色为无，轮廓颜色为紫色（R:151，G:145，B:243），如图 8.112 所示。

8 选中小正圆，按住鼠标左键及 Shift 键的同时向右侧拖动，再按鼠标右键将其复制一份，以

同样方法将其再复制一份，如图 8.113 所示。

图 8.112   图 8.113

9 选中左侧界面，单击工具箱中的【阴影工具】▢按钮，在图像上拖动为其添加阴影效果，在选项栏中将【阴影颜色】更改为蓝色（R:175，G:205，B:239），【阴影羽化】更改为 10。

10 以同样方法为右侧详情界面添加阴影，至此，个人时尚应用界面制作完成，最终效果如图 8.114 所示。

图 8.114

8.3 直播应用界面设计

 实例说明

本例讲解直播应用界面设计。本例设计过程以突出直播应用特点为主，通过绘制图形并添加相关界面元素，即可完成整个界面的效果设计。最终效果如图 8.115 所示。

图 8.115

 关键步骤

◆ 打造主界面轮廓，制作整体界面效果。

◆ 添加素材并处理素材图像，制作界面细节元素。

◆ 添加界面详细信息，完成最终效果制作。

难易程度：★★★☆☆

调用素材：第 8 章 \ 直播应用界面设计

源文件：第 8 章 \ 直播应用界面设计 .cdr

操作步骤

8.3.1 打造主界面轮廓

1 单击工具箱中的【矩形工具】□ 按钮，绘制一个矩形，设置矩形为红色（R:229，G:97，B:95），如图 8.116 所示。

2 打开【导入文件】对话框，选择"状态栏 .png"素材，单击【导入】按钮，将其放在界面顶部位置并适当缩小，如图 8.117 所示。

图 8.116   图 8.117

3 单击工具箱中的【矩形工具】□按钮，绘制一个矩形，设置矩形为白色，在属性栏中将【圆角半径】更改为 15，如图 8.118 所示。

图 8.118

4 打开【导入文件】对话框，选择"图标 .cdr"素材，单击【导入】按钮，将其放在刚才绘制的矩形位置并适当缩小，如图 8.119 所示。

图 8.119

5 单击工具箱中的【矩形工具】□按钮，绘制一个矩形，设置矩形为白色，在属性栏中将【圆角半径】更改为 10，如图 8.120 所示。

6 选中圆角矩形，按住鼠标左键及 Shift 键的同时向右侧拖动，再按鼠标右键将其平移复制一份，如图 8.121 所示。

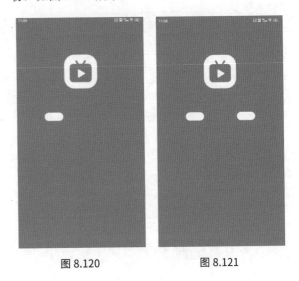

图 8.120　　　　图 8.121

8.3.2 添加界面细节元素

1 单击工具箱中的【文本工具】**字**按钮，输入文字，设置【字体】为 Microsoft YaHei UI，如图 8.122 所示。

图 8.122

2 单击工具箱中的【矩形工具】□按钮，绘制一个矩形，设置矩形为白色，在属性栏中将【圆角半径】更改为 5，如图 8.123 所示。

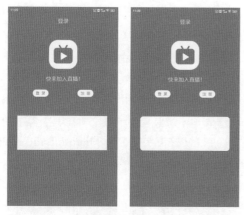

图 8.123

3 单击工具箱中的【贝塞尔工具】 按钮，绘制一条线段，设置其【轮廓宽度】为 2，轮廓颜色为灰色（R:200，G:200，B:200），如图 8.124 所示。

4 单击工具箱中的【文本工具】字按钮，输入文字，设置【字体】为 Microsoft YaHei UI，如图 8.125 所示。

图 8.124   图 8.125

5 单击工具箱中的【贝塞尔工具】 按钮，再次绘制一条线段，设置其【轮廓宽度】为 2，轮廓颜色为浅红色（R:250，G:149，B:147），如图 8.126所示。

6 选中线段，按住鼠标左键及 Shift 键的同时向右侧拖动，再按鼠标右键将其平移复制一份，如图 8.127 所示。

图 8.126   图 8.127

7 单击工具箱中的【文本工具】字按钮，输入文字，设置【字体】为 Microsoft YaHei UI，如图 8.128 所示。

图 8.128

8 单击工具箱中的【椭圆形工具】 按钮，按住 Ctrl 键绘制一个正圆，设置其颜色为黄色（R:255，G:207，B:61），轮廓为无，如图 8.129 所示。

9 打开【导入文件】对话框，选择"手机图标 .cdr"素材，单击【导入】按钮，将其放在刚才绘制的正圆位置并适当缩小，将填充颜色更改为白色，如图 8.130 所示。

图 8.129   图 8.130

10 单击工具箱中的【文本工具】**字**按钮，输入文字，设置【字体】为 Microsoft YaHei UI，如图 8.131 所示。

图 8.131

8.3.3 制作二级界面

1 单击工具箱中的【矩形工具】□按钮，绘制一个矩形，设置矩形为红色（R:229，G:97，B:95），如图 8.132 所示。

2 打开【导入文件】对话框，选择"状态栏.png"素材，单击【导入】按钮，将其放在界面顶部位置并适当缩小，如图 8.133 所示。

图 8.132   图 8.133

3 选中红色矩形，按 Ctrl+C 组合键将其复制，再按 Ctrl+V 组合键将其粘贴。

4 将粘贴的矩形高度缩小，再为其填充颜色为红色（R:214，G:69，B:66）到红色（R:247，G:171，B:143）椭圆形渐变，如图 8.134 所示。

5 单击工具箱中的【文本工具】**字**按钮，输入文字，设置【字体】为 Microsoft YaHei UI，如图 8.135 所示。

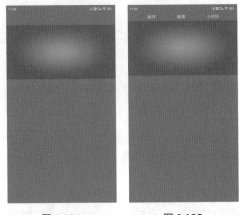

图 8.134   图 8.135

6 单击工具箱中的【贝塞尔工具】✐按钮，在左侧文字底部绘制一条稍短线段，设置其【轮廓宽度】为 2，轮廓颜色为白色，如图 8.136 所示。

图 8.136

7 单击工具箱中的【椭圆形工具】○按钮，按住 Ctrl 键绘制一个正圆，设置其颜色为无，轮廓颜色为白色，【轮廓宽度】为 2，如图 8.137 所示。

8 单击工具箱中的【贝塞尔工具】✐按钮，绘制一条线段，设置其【轮廓宽度】为 2，轮廓颜色为白色。

9 在【轮廓笔】对话框中，单击【线条端头】右侧【圆形端头】━图标，完成之后单击 OK 按钮，如图 8.138 所示。

图 8.137　　　　　　图 8.138

8.3.4　打造界面装饰元素

1 单击工具箱中的【椭圆形工具】〇按钮，按住 Ctrl 键绘制一个正圆，设置其颜色为黄色（R:255，G:235，B:176），轮廓颜色为无，如图 8.139 所示。

2 单击工具箱中的【透明度工具】▦按钮，在图形上拖动降低其透明度，如图 8.140 所示。

图 8.139　　　　　　图 8.140

3 选中正圆，按住鼠标左键的同时向左下方拖动，再按鼠标右键将其复制一份，将复制生成的图形适当放大，如图 8.141 所示。

4 选中复制生成的图形，单击工具箱中的【透明度工具】▦按钮，调整图形透明度，如图 8.142

所示。

图 8.141　　　　　　图 8.142

5 以同样方法将正圆图形再复制两份，并适当更改其位置、大小及透明度，如图 8.143 所示。

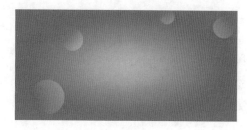

图 8.143

6 打开【导入文件】对话框，选择"小手机 .png"素材，单击【导入】按钮，将其放在界面顶部位置并适当缩小，如图 8.144 所示。

7 单击工具箱中的【文本工具】字按钮，输入文字，设置【字体】为 Microsoft YaHei UI，如图 8.145 所示。

图 8.144　　　　　　图 8.145

8.3.5 添加细节元素

1 单击工具箱中的【椭圆形工具】○按钮，按住 Ctrl 键绘制一个正圆，设置其颜色为白色，轮廓颜色为无，如图 8.146 所示。

2 选中小正圆，按住鼠标左键及 Shift 键的同时向右侧拖动，再按鼠标右键将其复制一份，再按 Ctrl+D 组合键将图形复制 3 份，如图 8.147 所示。

图 8.146　　　　　图 8.147

3 选中最中间小正圆，将其颜色更改为黄色（R:255，G:207，B:61），如图 8.148 所示。

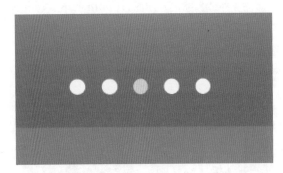

图 8.148

4 选中底部最大矩形，按 Ctrl+C 组合键将其复制，再按 Ctrl+V 组合键将其粘贴，如图 8.149 所示。

5 将粘贴的矩形颜色更改为白色，再缩小

其高度，如图 8.150 所示。

图 8.149　　　　　图 8.150

8.3.6 绘制矩形详情图像

1 单击工具箱中的【矩形工具】□按钮，按住 Ctrl 键绘制一个矩形，设置矩形为黑色，在选项栏中将【圆角半径】更改为 3，如图 8.151 所示。

图 8.151

2 选中矩形，按住鼠标左键及 Shift 键的同时向右侧拖动，再按鼠标右键将其平移复制一份。

3 同时选中两个矩形，以同样方法将其向下复制一份，如图 8.152 所示。

图 8.152

4 打开【导入文件】对话框，选择"美食.jpg"素材，单击【导入】按钮，将其放在界面刚才绘制的矩形位置并适当缩小，如图 8.153 所示。

5 选中图像，单击鼠标右键，在弹出的菜单中选择【Power Clip 内部】选项，在其下方黑色矩形上单击，将多余部分图像隐藏，如图 8.154 所示。

图 8.153　　　　　图 8.154

6 选中图像，单击鼠标右键，在弹出的菜单中选择【编辑 Power Clip】选项，调整素材图像位置及大小。

7 以同样方法再将"旅行.jpg""宠物.jpg""运动.jpg"素材图像导入进来并将部分图形隐藏，制作出直播简介图像效果，如图 8.155 所示。

图 8.155

8.3.7　处理素材图像

1 打开【导入文件】对话框，选择"热度.cdr"素材，单击【导入】按钮，将其放在美食图像左下角位置并适当缩小，如图 8.156 所示。

图 8.156

 提示　将矩形颜色更改为无，可避免黑边现象。

2 选中热度图标，按住鼠标左键及 Shift 键的同时向右侧拖动，再按鼠标右键将其复制一份。

3 同时选中这两个热度图标，按住鼠标左键及 Shift 键的同时向下方拖动，再按鼠标右键将其复制一份，如图 8.157 所示。

4 单击工具箱中的【文本工具】**字**按钮，输入文字，设置【字体】为 Microsoft YaHei UI，如图 8.158 所示。

图 8.157　　　　　图 8.158

5 打开【导入文件】对话框，选择"底部图标 .cdr"素材，单击【导入】按钮，将其放在界面底部位置并适当缩小，如图 8.159 所示。

图 8.159

8.3.8　制作录像按钮

1 单击工具箱中的【椭圆形工具】○按钮，在界面底部位置按住 Ctrl 键绘制一个正圆，设置其颜色为红色（R:229，G:97，B:95），轮廓为无，如图 8.160 所示。

2 选中正圆，按 Ctrl+C 组合键将其复制，再单击工具箱中的【透明度工具】▨按钮，将其【透明度】更改为 90。

3 按 Ctrl+V 组合键粘贴圆形，将粘贴的圆

形【透明度】更改为 80，并将其等比缩小，再按 Ctrl+V 组合键粘贴圆形，再将粘贴的图形等比缩小，如图 8.161 所示。

图 8.160　　　　　图 8.161

4 单击工具箱中的【矩形工具】□按钮，绘制一个矩形，设置矩形为白色，在选项栏中将【圆角半径】更改为 1，如图 8.162 所示。

图 8.162

5 在属性栏中的【旋转角度】中输入 45，将图形旋转，如图 8.163 所示。

图 8.163

6 选中矩形，执行菜单栏中的【对象】|【转换为曲线】命令。

7 单击工具箱中的【形状工具】按钮，拖动图形左侧节点将其变形，如图 8.164 所示。

8 选中变形后的图形，将其向左侧移动至红色圆形中间位置，至此，直播应用界面制作完成，最终效果如图 8.165 所示。

图 8.164

图 8.165

8.4 课后上机实操

App 界面作为用户界面（user interface）中的重要组成部分，与 UI 图标具有相同的重要性，漂亮的 App 界面可以突出应用的特点，同时令应用更加出色。因此，从广义上来讲，App 界面作为视觉设计中的重要部分，需要尽量掌握它的设计精华，通过对本章的学习，读者可以掌握不同风格的经典 App 界面设计。

8.4.1 上机实操 1——制作商务应用 App 界面

 实例说明

制作商务应用 App 界面，本例中的界面是一款经典的商务应用 App 界面，其整体设计感很强，以清晰直观的图形及线条走势表现出应用的功能。最终效果如图 8.166 所示。

 关键步骤

◆ 通过绘制线段和圆形制作折线图。
◆ 绘制饼图并修剪变形，制作出饼图。
◆ 绘制指示线并添加文字。

难易程度：★★★☆☆
调用素材：第 8 章 \ 商务应用 App 界面
源文件：第 8 章 \ 制作商务应用 App 界面 .cdr

视频教学

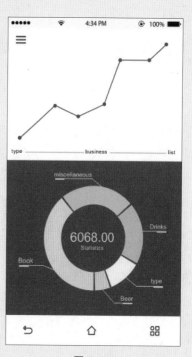
图 8.166

8.4.2　上机实操 2——音乐电台界面设计

实例说明

音乐电台界面设计，本例中的界面以精美的电台音乐主题图像为主视觉图像，通过完美的配色与直观的交互按钮制作出完整的界面效果。最终效果如图 8.167 所示。

关键步骤

◆　绘制矩形制作背景。

◆　绘制圆形并导入素材，制作主体图像。

◆　绘制圆形并复制，最后导入素材，制作播放器相关按钮。

难易程度：★★★☆☆

调用素材：第 8 章 \ 音乐电台界面设计

源文件：第 8 章 \ 音乐电台界面设计 .cdr

视频教学

图 8.167

第9章

艺术化招贴 POP 设计

内容摘要

本章主要讲解艺术化招贴 POP 设计。艺术化招贴 POP 的设计重点在于通过艺术化的手法来表现 POP 的特点，本章列举了滑板社宣传 POP 设计、新品冷饮招贴设计、超级盲盒 POP 招贴设计等实例，通过对这些实例的学习，读者可以掌握艺术化招贴 POP 设计的相关知识。

教学目标

◉ 了解滑板社宣传 POP 设计技能　　　　◉ 学习新品冷饮招贴设计知识

◉ 学会超级盲盒 POP 招贴设计

9.1 滑板社宣传 POP 设计

实例说明

　　本例讲解滑板社宣传 POP 设计。本例中的图像在设计过程中以漂亮的半色调结合爆炸云朵图像作为背景，整个画面具有很强的活力感，再输入文字信息，即可完成整个 POP 宣传设计。最终效果如图 9.1 所示。

关键步骤

◆ 绘制图形制作出特效背景。
◆ 输入文字制作出 POP 主视觉图像，导入素材图像并对整个画面进行处理。
◆ 输入相关文字信息，完成最终效果制作。

难易程度：★★★☆☆
调用素材：第 9 章 \ 滑板社宣传 POP 设计
源文件：第 9 章 \ 滑板社宣传 POP 设计 .cdr

视频教学

图 9.1

操作步骤

9.1.1 制作背景

　　1 单击工具箱中的【矩形工具】□按钮，绘制一个黄色（R:255，G:204，B:0）矩形，如图 9.2 所示。

　　2 单击工具箱中的【椭圆形工具】○按钮，按住 Ctrl 键绘制一个白色正圆。

　　3 单击工具箱中的【交互式填充工具】◇按钮，再单击属性栏中的【渐变填充】▊按钮，在

图形上拖动，填充白色到黑色的径向渐变，如图 9.3 所示。

图 9.2　　　　　　　　图 9.3

4 选中正圆，执行菜单栏中的【位图】|【转换为位图】命令。

5 执行菜单栏中的【效果】|【颜色转换】|【半色调】命令，在弹出的对话框中将【最大点半径】更改为 10，完成之后单击 OK 按钮，如图 9.4 所示。

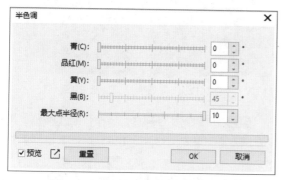

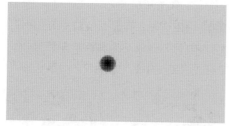

图 9.4

6 选中添加半色调效果后的图像，执行属性栏中的【描摹位图】|【轮廓描摹】|【高质量图像】命令，在弹出的对话框中选中【删除原始】复选框，单击 OK 按钮，如图 9.5 所示。

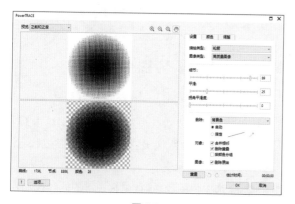

图 9.5

提示 绘制圆形时需要注意圆形与其下方矩形的大小比例关系，否则半色调效果将会不明显。

7 选中半色调图像，执行菜单栏中的【对象】|【造型】|【合并】命令，将图形焊接。

8 选中半色调图像，按住鼠标左键拖动，再按鼠标右键将其复制一份，并将复制生成的图像适当缩小，以同样方法再将图像复制一份，如图 9.6 所示。

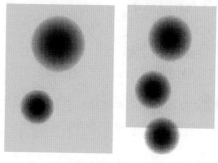

图 9.6

9 选中底部半色调图像，单击鼠标右键，在弹出的菜单中选择【Power Clip 内部】选项，在其下方图形上单击，将多余部分图形隐藏，如图 9.7 所示。

10 选中中间半色调图像，单击工具箱中的【透明度工具】按钮，在属性栏中将【合并模式】更改为【叠加】，如图 9.8 所示。

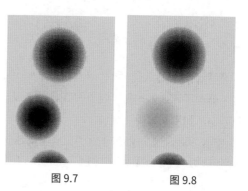

图 9.7　　　　　　图 9.8

11 单击工具箱中的【贝塞尔工具】按钮，绘制一个不规则图形，设置其【轮廓色】为黑色，

【轮廓宽度】为 12，如图 9.9 所示。

12 选中不规则图形，单击鼠标右键，在弹出的菜单中选择【Power Clip 内部】选项，在其下方图形上单击，将多余部分图形隐藏，如图 9.10 所示。

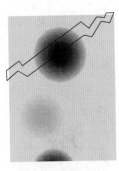 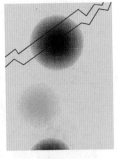

图 9.9   图 9.10

13 以同样方法再绘制一个不规则图形，并将部分图形隐藏，如图 9.11 所示。

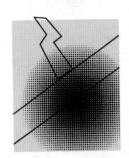 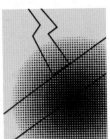

图 9.11

9.1.2 打造主体视觉

1 打开【导入文件】对话框，选择"云 .png"素材，单击【导入】按钮，将素材图像放在适当位置并缩小，如图 9.12 所示。

2 单击工具箱中的【文本工具】**字**按钮，输入文字，设置【字体】为华文琥珀，如图 9.13 所示。

3 选中文字，单击工具箱中的【交互式填充工具】◆按钮，再单击属性栏中的【渐变填充】▇按钮，在图形上拖动，填充橙色（R:255，G:174，

B:0）到橙色（R:255，G:110，B:0）的线性渐变。

图 9.12   图 9.13

4 在【轮廓笔】对话框中，将【颜色】更改为深红色（R:69，G:31，B:0），将【宽度】更改为 16，单击【外部轮廓】▛图标，完成之后单击 OK 按钮，如图 9.14 所示。

5 选中文字，单击工具箱中的【阴影工具】▢按钮，在文字上拖动为其添加阴影效果，在选项栏中将【阴影羽化】更改为 2，如图 9.15 所示。

图 9.14   图 9.15

9.1.3 制作装饰图像

1 打开【导入文件】对话框，选择"云 2.png""云 3.png""滑板少年 .png"素材，单击【导入】按钮，将素材图像放在适当位置并缩放，如图 9.16 所示。

2 选中云图像，按住鼠标左键的同时拖动，再按鼠标右键将其复制一份，并将复制的图像适当旋转，以同样方法再复制数份图像，如图 9.17 所示。

图 9.16　　　　　图 9.17

输入文字，设置【字体】为华文琥珀，至此，滑板社宣传 POP 制作完成，最终效果如图 9.19 所示。

图 9.18　　　　　图 9.19

3 选中所有云图像，单击鼠标右键，在弹出的菜单中选择【Power Clip 内部】选项，在其下方图形上单击，将部分图像隐藏，如图 9.18 所示。

4 单击工具箱中的【文本工具】字按钮，

9.2 新品冷饮招贴设计

 实例说明

本例讲解新品冷饮招贴设计。本例的设计使用极富时尚感的背景搭配高清素材，并结合直观清晰的文字信息，使整个招贴设计感十足，具有十分出色的视觉效果。最终效果如图 9.20 所示。

 关键步骤

◆ 绘制矩形并为矩形添加渐变颜色，制作背景。
◆ 绘制线段并制作出立体空间效果，为背景添加装饰元素。
◆ 导入素材图像并为其添加阴影装饰效果。
◆ 输入相关文字信息并导入素材，完成最终效果制作。

难易程度：★★★☆☆
调用素材：第 9 章 \ 新品冷饮招贴设计
源文件：第 9 章 \ 新品冷饮招贴设计 .cdr

视频教学

图 9.20

图 9.22　　　　　　　图 9.23

操作步骤

9.2.1　制作立体放射背景

1 单击工具箱中的【矩形工具】□按钮，绘制一个矩形。

2 单击工具箱中的【交互式填充工具】◇按钮，再单击属性栏中的【渐变填充】▨按钮，在图形上拖动，填充蓝色（R:132，G:127，B:255）到紫色（R:236，G:167，B:255）的线性渐变，如图 9.21 所示。

图 9.21

3 选中矩形，按 Ctrl+C 组合键将其复制，再按 Ctrl+V 组合键将其粘贴。

4 将粘贴的矩形填充更改为无，【轮廓色】更改为白色，【轮廓宽度】更改为 0.2，再将矩形适当等比缩小，如图 9.22 所示。

5 选中白色矩形框，按 Ctrl+C 组合键将其复制，再按 Ctrl+V 组合键将其粘贴，将粘贴的矩形等比缩小，如图 9.23 所示。

6 单击工具箱中的【混合工具】◐按钮，选中其中外侧大矩形框后向中间小矩形框上拖动，创建混合效果，在属性栏中将【调和对象】更改为 15，如图 9.24 所示。

图 9.24

7 单击工具箱中的【贝塞尔工具】╱按钮，绘制一条垂直线段，设置其【轮廓色】为白色，【轮廓宽度】为 0.2，如图 9.25 所示。

8 选中线段，在线段上双击，再将控制中心点向下移至线段底部位置，按住鼠标左键向右侧适当旋转，再按鼠标右键将线段复制，如图 9.26 所示。

9 按 Ctrl+D 组合键执行再制命令，将线段复制多份，制作出放射线段效果，如图 9.27 所示。

10 选中放射线段图形，单击鼠标右键，在弹出的菜单中选择【Power Clip 内部】选项，在其下方矩形上单击，将多余部分放射图形隐藏，如图 9.28 所示。

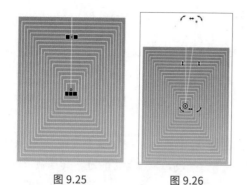

图 9.25　　　　　　图 9.26

图 9.27　　　　　　图 9.28

9.2.2　处理素材图像

1 打开【导入文件】对话框，选择"冰淇淋 .png"和"冰淇淋 2.png"素材，单击【导入】按钮，将素材图像放在适当位置并适当缩放，如图 9.29 所示。

图 9.29

2 选中冰淇淋 2 图像，单击工具箱中的【阴影工具】按钮，在图像上拖动为其添加阴影效果，在选项栏中将【阴影颜色】更改为白色，【合并模式】更改为常规，【阴影不透明度】更改为 80，【阴影羽化】更改为 15。

3 以同样方法为另一个冰淇淋图像添加白色阴影效果，如图 9.30 所示。

图 9.30

4 单击工具箱中的【文本工具】字按钮，输入文字，设置【字体】为 MStiffHei PRC，如图 9.31 所示。

5 双击其中一个文字，将光标移至顶部中间控制点，按住鼠标右键并向右侧拖动，将其斜切变形，以同样方法将其他几个文字斜切变形，如图 9.32 所示。

图 9.31　　　　　　图 9.32

6 选中"新"字，单击工具箱中的【透明度工具】按钮，在文字上拖动降低文字左侧部分透明度，以同样方法为其他几个文字制作类似效果，如图 9.33 所示。

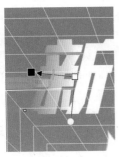

图 9.33

7 选中"新"字,单击工具箱中的【阴影工具】□按钮,在图像上拖动为其添加阴影效果,在选项栏中将【合并模式】更改为叠加,【阴影不透明度】更改为 30,【阴影羽化】更改为 2,如图 9.34 所示。

图 9.34

8 以同样方法分别为其他几个文字添加相似阴影效果。

9 单击工具箱中的【文本工具】**字**按钮,输入文字,设置【字体】为 MStiffHei PRC,如图 9.35 所示。

10 以同样方法为文字添加阴影效果,如图 9.36 所示。

图 9.35　　　　　图 9.36

9.2.3　绘制细节图形

1 单击工具箱中的【椭圆形工具】○按钮,按住 Ctrl 键绘制一个正圆,设置其颜色为橙色(R:255,G:213,B:0),【轮廓色】为无,如图 9.37 所示。

2 选中正圆,按住鼠标左键及 Shift 键的同时向下方拖动,再按鼠标右键将其复制一份,按 Ctrl+D 组合键执行再制命令,将其再复制两份,如图 9.38 所示。

图 9.37　　　　　图 9.38

3 同时选中 4 个正圆,按住鼠标左键的同时向右侧拖动,再按鼠标右键将其复制一份,如图 9.39 所示。

4 单击工具箱中的【文本工具】**字**按钮,输入文字,设置【字体】为 Microsoft YaHei UI、汉仪书魂体简、MStiffHei PRC,如图 9.40 所示。

图 9.39　　　　　图 9.40

⑤ 双击底部文字，将光标移至顶部中间控制点，按住鼠标左键并向右侧拖动，将其斜切变形，如图 9.41 所示。

⑥ 选中底部文字，单击工具箱中的【阴影工具】⬚按钮，在图像上拖动为其添加阴影效果，在选项栏中将【阴影颜色】更改为黑色，【合并模式】更改为叠加，【阴影不透明度】更改为 50，【阴影羽化】更改为 2，至此，新品冷饮招贴制作完成，最终效果如图 9.42 所示。

图 9.41

图 9.42

9.3 超级盲盒 POP 招贴设计

实例说明

本例讲解超级盲盒 POP 招贴设计。本例的设计比较简单，先制作漂亮的礼盒背景及特效文字，然后输入相关文字信息，即可完成整个招贴设计。最终效果如图 9.43 所示。

关键步骤

◆ 绘制矩形并导入素材图像，制作出礼品特效背景。

◆ 绘制椭圆及矩形，并添加特效装饰图像。

◆ 输入文字并变形，然后导入素材图像，最后输入相关文字信息，完成最终效果制作。

难易程度：★★★☆☆

调用素材：第 9 章 \ 超级盲盒 POP 招贴设计

源文件：第 9 章 \ 超级盲盒 POP 招贴设计 .cdr

视频教学

图 9.43

![播放图标] **操作步骤**

9.3.1 打造礼盒背景

1 单击工具箱中的【矩形工具】按钮，绘制一个橙色（R:249，G:58，B:4）矩形，如图 9.44 所示。

2 打开【导入文件】对话框，选择"礼盒.png"素材，单击【导入】按钮，将素材图像放在矩形左上角位置，如图 9.45 所示。

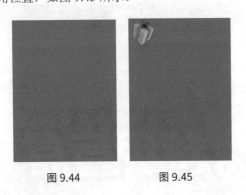

图 9.44   图 9.45

3 选中图像，按住鼠标左键及 Shift 键的同时向右侧拖动，再按鼠标右键将其复制两份。

4 同时选中 3 个图像，以同样方法将其向下复制 3 份，如图 9.46 所示。

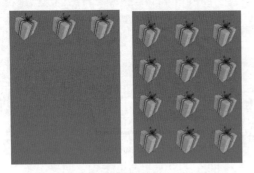

图 9.46

5 选中礼盒素材图像，单击工具箱中的【透明度工具】按钮，在属性栏中将【合并模式】更改为柔光，如图 9.47 所示。

6 单击工具箱中的【矩形工具】按钮，绘制一个矩形，设置【轮廓色】为黑色。

7 单击工具箱中的【交互式填充工具】按钮，再单击属性栏中的【渐变填充】按钮，在图形上拖动，填充黄色（R:252，G:157，B:0）到红色（R:255，G:53，B:3）的线性渐变，如图 9.48 所示。

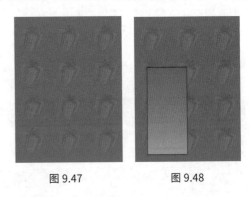

图 9.47   图 9.48

8 选中矩形，按住鼠标左键及 Shift 键的同时向右侧拖动，再按鼠标右键将其复制一份，如图 9.49 所示。

9 单击属性栏中的【垂直镜像】按钮，对复制的矩形进行垂直翻转，再增加复制生成的矩形高度，如图 9.50 所示。

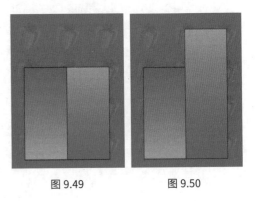

图 9.49   图 9.50

9.3.2 制作圆点装饰图像

1 单击工具箱中的【椭圆形工具】按钮，按住 Ctrl 键绘制一个白色正圆。

2 单击工具箱中的【交互式填充工具】

按钮，再单击属性栏中的【渐变填充】 ▉ 按钮，在图形上拖动，填充白色到黑色的椭圆形渐变，如图 9.51 所示。

图 9.51

③ 选中正圆，执行菜单栏中的【位图】|【转换为位图】命令。

④ 执行菜单栏中的【效果】|【颜色转换】|【半色调】命令，在弹出的对话框中将【最大点半径】更改为 10，完成之后单击 OK 按钮，如图 9.52 所示。

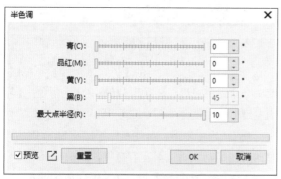

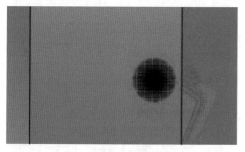

图 9.52

⑤ 选中添加半色调效果后的图像，执行属性栏中的【描摹位图】|【轮廓描摹】|【高质量图像】命令，在弹出的对话框中选中【删除原始】复选框，单击 OK 按钮，如图 9.53 所示。

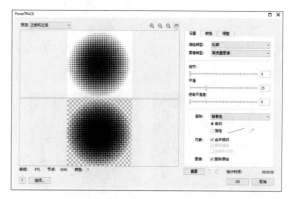

图 9.53

> **提示** 绘制圆形时，需要注意圆形与其下方矩形的大小比例关系，否则半色调效果将会不明显。

⑥ 选中半色调图像，在图像上单击鼠标右键，在弹出的菜单中选择【全部取消组合】选项，再单击属性栏中的【焊接】 ⬚ 按钮，将图形焊接，如图 9.54 所示。

⑦ 选中素材图像，单击工具箱中的【透明度工具】 ▨ 按钮，在属性栏中将【合并模式】更改为柔光，如图 9.55 所示。

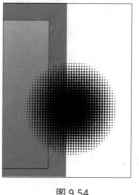

图 9.54 图 9.55

9.3.3　导入素材图像

1️⃣ 选中圆点图像，单击鼠标右键，在弹出的菜单中选择【Power Clip 内部】选项，在其下方矩形上单击，将多余部分图形隐藏，如图 9.56 所示。

2️⃣ 打开【导入文件】对话框，选择"礼盒 .png"素材，单击【导入】按钮，将素材图像放在图像适当位置，如图 9.57 所示。

图 9.56　　　　图 9.57

3️⃣ 单击工具箱中的【椭圆形工具】〇按钮，绘制一个椭圆并适当旋转，设置其颜色为无，【轮廓色】为黑色，【轮廓宽度】为 4，如图 9.58 所示。

4️⃣ 单击工具箱中的【文本工具】字按钮，输入文字，设置【字体】为 MStiffHei PRC、苹方，如图 9.59 所示。

图 9.58　　　　图 9.59

5️⃣ 双击文字，将光标移至左侧中间控制点，按住鼠标左键并向右侧拖动，将其斜切，如图 9.60 所示。

图 9.60

9.3.4　绘制装饰图形

1️⃣ 单击工具箱中的【贝塞尔工具】✎按钮，沿文字边缘绘制一个棕色（R:64，G:36，B:32）图形，如图 9.61 所示。

图 9.61

2️⃣ 单击工具箱中的【贝塞尔工具】✎按钮，绘制一个白色星形，设置其【轮廓色】为黑色，【轮廓宽度】为默认，如图 9.62 所示。

3️⃣ 选中星形，按住鼠标左键及 Shift 键的同时向右侧拖动，再按鼠标右键将其复制一份，再将复制生成的星形适当缩小，如图 9.63 所示。

图 9.62　　　　图 9.63

（4）单击工具箱中的【矩形工具】□按钮，绘制一个矩形，设置其颜色为橙色（R:255，G:122，B:37），【轮廓色】为黑色，如图 9.64 所示。

（5）单击工具箱中的【文本工具】字按钮，输入文字，设置【字体】为苹方，同时选中所有文字并将其适当斜切变形，如图 9.65 所示。

图 9.64　　　　　　图 9.65

（6）单击工具箱中的【矩形工具】□按钮，绘制一个黑色矩形，如图 9.66 所示。

（7）单击工具箱中的【贝塞尔工具】按钮，在黑色矩形右下角绘制一个黑色三角形，如图 9.67 所示。

 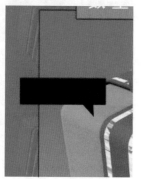

图 9.66　　　　　　图 9.67

（8）同时选中两个图形，单击属性栏中的【焊接】按钮，将图形焊接，如图 9.68 所示。

（9）双击图形，将光标移至左侧中间控制点，按住鼠标左键并向左侧拖动，将其斜切变形，如

图 9.69 所示。

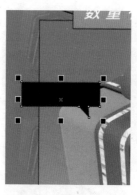 

图 9.68　　　　　　图 9.69

9.3.5　处理装饰图形

（1）选中图形，按 Ctrl+C 组合键将其复制，再按 Ctrl+V 组合键将其粘贴。

（2）将复制生成的图形颜色更改为青色（R:2，G:226，B:199），再将其向上适当移动，如图 9.70 所示。

（3）单击工具箱中的【文本工具】字按钮，输入文字，设置【字体】为苹方，如图 9.71 所示。

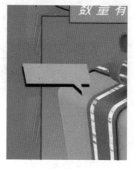 

图 9.70　　　　　　图 9.71

（4）单击工具箱中的【贝塞尔工具】按钮，绘制一个黑色闪电图形，如图 9.72 所示。

（5）选中图形，按 Ctrl+C 组合键将其复制，再按 Ctrl+V 组合键将其粘贴。

（6）将复制生成的图形颜色更改为白色，

轮廓为默认，再将其向上适当移动，如图9.73所示。

图 9.72

图 9.73

7 单击工具箱中的【矩形工具】□按钮，绘制一个黑色矩形，如图9.74所示。

8 单击工具箱中的【贝塞尔工具】✐按钮，在黑色矩形左上角绘制一个黑色三角形，如图9.75所示。

图 9.74

图 9.75

9 双击图形，将光标移至左侧中间控制点，按住鼠标左键并向右侧拖动，将其斜切变形，如图9.76所示。

10 选中图形，按 Ctrl+C 组合键将其复制，再按 Ctrl+V 组合键将其粘贴。

11 将复制生成的图形颜色更改为白色，再将其向上适当移动，如图9.77所示。

图 9.76

图 9.77

9.3.6 制作箭头图像

1 单击工具箱中的【矩形工具】□按钮，按住 Ctrl 键绘制一个正方形，设置其颜色为白色，【轮廓色】为黑色，如图9.78所示。

2 选中矩形，在选项栏中的【旋转角度】中输入45，将矩形旋转，再缩小图形高度，如图9.79所示。

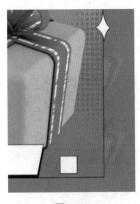
图 9.78

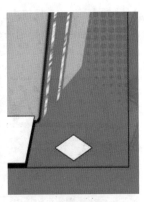
图 9.79

3 单击工具箱中的【矩形工具】□按钮，绘制一个黑色矩形，如图9.80所示。

4 同时选中两个图形，单击属性栏中的【修剪】⬚按钮，再将黑色矩形删除，如图9.81所示。

5 单击工具箱中的【矩形工具】□按钮，绘制一个黑色矩形框，如图9.82所示。

6 同时选中两个图形，单击属性栏中的【焊接】按钮，将图形焊接，如图 9.83 所示。

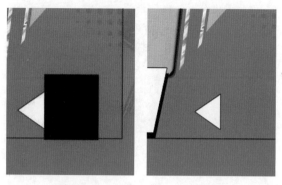

图 9.80　　　　　图 9.81

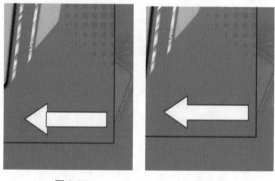

图 9.82　　　　　图 9.83

7 单击工具箱中的【矩形工具】按钮，按住 Ctrl 键绘制一个正方形，设置其颜色为白色，【轮廓色】为黑色，如图 9.84 所示。

8 打开【导入文件】对话框，选择"二维码 .jpg"素材，单击【导入】按钮，将素材图像放在矩形位置并将其等比缩小，如图 9.85 所示。

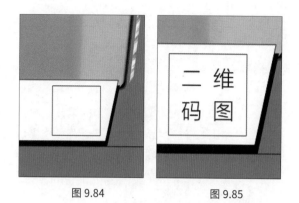

图 9.84　　　　　图 9.85

9 单击工具箱中的【文本工具】字按钮，输入文字，设置【字体】为苹方，至此，超级盲盒 POP 招贴制作完成，最终效果如图 9.86 所示。

图 9.86

9.4　课后上机实操

POP 招贴是商业销售中的一种店头促销工具，其形式不拘，主要商业用途是刺激和引导消费以及活跃卖场气氛，能有效地吸引顾客的视点并唤起购买欲，整个制作的重点在于体现卖点，以直接有效的方式快速传递信息。通过本章的学习，读者可以掌握艺术 POP 设计的原则与重点。

9.4.1　上机实操 1——戒指广告 POP 招贴设计

 实例说明

戒指广告 POP 招贴设计，本例的设计以漂亮的心形图像作为主视觉图像，通过绘制装饰心形图像及文字，完成整个招贴设计。最终效果如图 9.87 所示。

图 9.87

关键步骤

◆　绘制矩形及正圆制作背景。

◆　绘制心形图像制作招贴主视觉，并添加装饰图形。

◆　绘制图形并输入相关文字信息，完成最终效果制作。

难易程度：★★☆☆☆

调用素材：第 9 章\戒指广告 POP 招贴设计

源文件：第 9 章\戒指广告 POP 招贴设计 .cdr

 视频教学

9.4.2　上机实操 2——手绘水果招贴设计

 实例说明

手绘水果招贴设计，本例的制作比较简单，将时尚化的波点背景与艺术字相结合，表现出招贴主题调性，同时使用高清素材图像，使得整个招贴视觉效果十分出色。最终效果如图 9.88 所示。

图 9.88

 关键步骤

◆　绘制圆点图形制作出波点背景。

◆　添加墨迹素材图像，为背景添加装饰效果。

◆　导入素材图像及输入文字信息，完成
最终效果制作。

难易程度：★★☆☆☆

调用素材：第 9 章\手绘水果招贴设计

源文件：第 9 章\手绘水果招贴设计 .cdr

 视频教学

第 10 章

时代流行海报设计

内容摘要

本章主要讲解时代流行海报设计。海报设计是平面广告设计中非常重要的内容，一个成功的海报设计离不开和谐的配色及漂亮的版式布局等。本章列举了美食大优惠海报设计、女神节海报设计、快乐烧烤节海报设计、社团招新主题海报设计及生日纪念海报设计等实例，通过对这些实例的学习，读者可以掌握流行海报设计的相关知识。

教学目标

◎ 了解美食大优惠海报设计技巧　　　　　◎ 学会女神节海报设计技巧

◎ 学会快乐烧烤节海报设计知识　　　　　◎ 掌握社团招新主题海报设计技巧

10.1 美食大优惠海报设计

实例说明

　　本例讲解美食大优惠海报设计。此款海报以当下流行的漫画风为主，通过多边形图形与经过变形的文字相结合，再添加装饰图像及文字信息即可完成整张海报设计。最终效果如图 10.1 所示。

视频教学

图 10.1

　　关键步骤

◆　绘制图形并制作放射背景。

◆　制作多边形并添加文字信息，对文字进行变形处理，制作出海报主视觉图像。

◆　添加装饰元素及文字信息，完成最终效果制作。

难易程度：★★★☆☆

调用素材：第 10 章 \ 美食大优惠海报设计

源文件：第 10 章 \ 美食大优惠海报设计 .cdr

操作步骤

10.1.1 打造海报背景

1 单击工具箱中的【矩形工具】□按钮，绘制一个红色（R:204，G:54，B:91）矩形，如图10.2所示。

2 选中矩形，按Ctrl+C组合键将其复制，再按Ctrl+V组合键将其粘贴。

3 将粘贴的图形颜色更改为黄色（R:248，G:210，B:4），再将其高度缩小，如图10.3所示。

图10.2　　　　　图10.3

4 单击工具箱中的【矩形工具】□按钮，绘制一个白色矩形，如图10.4所示。

5 单击工具箱中的【封套工具】▨按钮，单击属性栏中的【直线模式】△按钮，按住Shift键拖动右下角控制点，将图形透视变形，如图10.5所示。

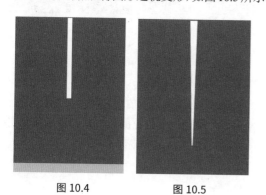

图10.4　　　　　图10.5

6 在图形上双击，将控制中心点移至底部位置，如图10.6所示。

7 选中图形，按住鼠标左键向右侧适当旋转，再按鼠标右键将其复制一份，如图10.7所示。

图10.6　　　　　图10.7

8 按Ctrl+D组合键执行再制命令，将图形复制多份，如图10.8所示。

9 同时选中所有白色图形，单击属性栏中的【焊接】▢按钮，将图形焊接，再将其适当放大，如图10.9所示。

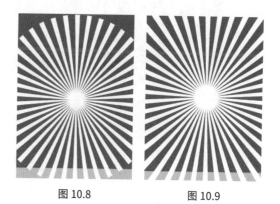

图10.8　　　　　图10.9

10 将放射图像向右侧稍微移动，如图10.10所示。

11 选中放射图像，单击鼠标右键，在弹出的菜单中选择【Power Clip内部】选项，在其下方红色图形上单击，将多余部分图形隐藏。

12 选中放射图像，单击鼠标右键，在弹出的菜单中选择【编辑Power Clip】选项，调整图像位置及大小，如图10.11所示。

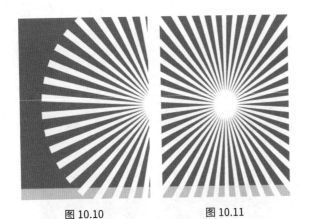

图 10.10　　　　图 10.11

13 选中放射图像，单击工具箱中的【透明度工具】按钮，在属性栏中将【合并模式】更改为叠加，【透明度】更改为80，如图 10.12 所示。

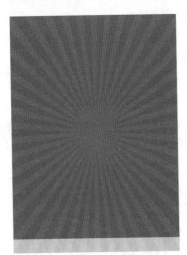

图 10.12

10.1.2　绘制主视觉图形

1 单击工具箱中的【贝塞尔工具】按钮，绘制一个黄色（R:233，G:220，B:74）不规则对话图形。

2 在不规则对话图形底部和右上角再绘制

两个小的黄色（R:233，G:220，B:74）图形，如图 10.13 所示。

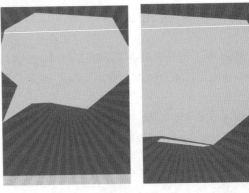

图 10.13

3 单击工具箱中的【文本工具】字按钮，输入文字，设置【字体】为方正兰亭特黑长简体，如图 10.14 所示。

4 选中矩形，执行菜单栏中的【对象】|【转换为曲线】命令，如图 10.15 所示。

图 10.14　　　　图 10.15

5 单击工具箱中的【形状工具】按钮，拖动文字节点改变其形状，如图 10.16 所示。

6 单击工具箱中的【贝塞尔工具】按钮，沿文字边缘绘制一个黑色图形，并将图形移至文字底部位置，如图 10.17 所示。

图 10.16

图 10.17

在其下方图形上单击，将多余部分图形隐藏，如图 10.21 所示。

图 10.19

图 10.20

10.1.3 添加装饰元素

1 打开【导入文件】对话框，选择"美食 .png""美食 2.png""美食 3.png""美食 4.png""小人 .cdr"素材，单击【导入】按钮，将素材图像放在适当位置，如图 10.18 所示。

图 10.21

图 10.18

2 单击工具箱中的【贝塞尔工具】🖊️ 按钮，在海报右上角位置绘制一个云朵图像，如图 10.19 所示。

3 选中云朵图像，按住鼠标左键及 Shift 键的同时向左侧拖动，再按鼠标右键将其复制一份，将复制生成的图像适当缩小，如图 10.20 所示。

4 同时选中两个云朵图像，单击鼠标右键，在弹出的菜单中选择【Power Clip 内部】选项，

5 打开【导入文件】对话框，选择"装饰元素 .cdr"素材，单击【导入】按钮，将素材图像放在适当位置，如图 10.22 所示。

6 单击工具箱中的【文本工具】字按钮，输入文字，设置【字体】为时尚中黑简体，至此，美食大优惠海报制作完成，最终效果如图 10.23 所示。

图 10.22

图 10.23

10.2　女神节海报设计

 实例说明

本例讲解女神节海报设计。本例以漂亮的花朵图像作为背景，同时使用艺术字作为海报主题视觉图像，最后输入海报文字信息，即可完成整张海报设计。最终效果如图 10.24 所示。

视频教学

图 10.24

 关键步骤

◆　导入背景素材图像。

◆　输入文字并对文字进行变形处理，制作出艺术字效果。

◆　添加素材图像及文字信息，完成最终效果制作。

难易程度：★★☆☆☆

调用素材：第 10 章 \ 女神节海报设计

源文件：第 10 章 \ 女神节海报设计 .cdr

 **操作步骤**

10.2.1　制作海报背景

■1 打开【导入文件】对话框，选择"背景 .jpg"素材，单击【导入】按钮，将素材图像放在适当位置，如图 10.25 所示。

图 10.25

② 单击工具箱中的【文本工具】**字**按钮，输入文字，设置【字体】为方正兰亭特黑长简体，如图 10.26 所示。

图 10.26

③ 在【轮廓笔】对话框中，将【宽度】更改为 10，分别单击【线条端头】右侧【延伸方形端头】**■**图标及【位置】右侧【外部轮廓】**□**图标，完成之后单击 OK 按钮，如图 10.27 所示。

④ 选中文字，执行菜单栏中的【对象】|【转换为曲线】命令。

⑤ 单击工具箱中的【形状工具】**◣**按钮，拖动文字节点，将其变形，如图 10.28 所示。

⑥ 单击工具箱中的【交互式填充工具】**◈**

图 10.27

按钮，再单击属性栏中的【渐变填充】**■**按钮，在文字上拖动，填充紫色（R：230，G：42，B：114）到紫色（R：230，G：46，B：114）到黄色（R：244，G：165，B：85）到黄色（R：244，G：165，B：88）的线性渐变，如图 10.29 所示。

图 10.28   图 10.29

☺ **技巧** 在为文字填充渐变效果时可适当调整渐变色标数量及位置，这样填充的渐变效果更加真实自然。

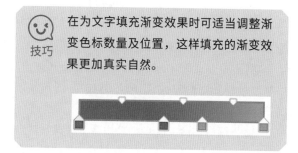

10.2.2 绘制装饰元素

① 单击工具箱中的【椭圆形工具】**○**按钮，绘制一个红色（R：231，G：62，B：103）椭圆图形，如图 10.30 所示。

② 在图形上双击，将控制中心点移至底部位置，如图 10.31 所示。

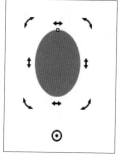

图 10.30   图 10.31

③ 选中图形，按住鼠标左键向右侧适当旋转，再按鼠标右键将其复制一份，如图 10.32 所示。

④ 按 Ctrl+D 组合键执行再制命令，将图形复制多份，如图 10.33 所示。

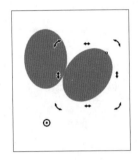

图 10.32　　　　　图 10.33

⑤ 同时选中所有红色图形，单击属性栏中的【焊接】按钮，将图形焊接。

⑥ 单击工具箱中的【贝塞尔工具】按钮，绘制一个红色（R:231，G:62，B:103）图形，如图 10.34 所示。

⑦ 选中图形，按 Ctrl+C 组合键将其复制，再按 Ctrl+V 组合键将其粘贴，单击属性栏中的【水平镜像】按钮，对图形进行水平翻转，再将图形适当移动，制作出心形图像。

⑧ 选中心形，单击属性栏中的【焊接】按钮，将图形焊接，如图 10.35 所示。

图 10.34　　　　　图 10.35

⑨ 以同样方法分别选中刚才绘制的花朵及心形图像，将其复制一份并放置在不同位置，如图 10.36 所示。

图 10.36

⑩ 单击工具箱中的【文本工具】字按钮，输入文字，设置【字体】为方正舒体，如图 10.37 所示。

图 10.37

10.2.3　添加海报小细节

① 单击工具箱中的【椭圆形工具】按钮，按住 Ctrl 键绘制一个正圆，设置其【轮廓色】为红色（R:228，G:0，B:130），【轮廓宽度】为 1，如图 10.38 所示。

② 选中正圆，按 Ctrl+C 组合键将其复制，再按 Ctrl+V 组合键将其粘贴，将粘贴的正圆等比缩小，如图 10.39 所示。

图 10.38　　　　　图 10.39

③ 选中两个正圆，按住鼠标左键及 Shift 键

的同时向右侧拖动，再按鼠标右键将其复制一份，如图 10.40 所示。

图 10.40

4 打开【导入文件】对话框，选择"女神 .cdr"和"礼物 .png"素材，单击【导入】按钮，将素材

图像放在适当位置，至此，女神节海报制作完成，最终效果如图 10.41 所示。

图 10.41

10.3　快乐烧烤节海报设计

 实例说明

本例讲解快乐烧烤节海报设计。本例的设计从极富冲击力的视角，以漂亮的素材图像作为主视觉图像，并且通过添加变形透视艺术字表现出海报的特征，起到了很好的宣传效果。最终效果如图 10.42 所示。

 关键步骤

◆ 绘制矩形制作出海报背景。

◆ 导入素材图像制作出海报主体视觉效果。

◆ 添加相关文字信息并制作变形透视艺术字，完成最终效果制作。

难易程度：★★☆☆☆

调用素材：第 10 章 \ 快乐烧烤节海报设计

源文件：第 10 章 \ 快乐烧烤节海报设计 .cdr

视频教学

图 10.42

操作步骤

10.3.1 打造海报背景

1 单击工具箱中的【矩形工具】□按钮，绘制一个黑色矩形，如图 10.43 所示。

2 选中矩形，按 Ctrl+C 组合键将其复制，再按 Ctrl+V 组合键将其粘贴。

3 将粘贴的矩形颜色更改为橙色（R:225，G:91，B:21），单击工具箱中的【形状工具】按钮，拖动右上角节点添加圆角效果，再将图形向上移动，如图 10.44 所示。

图 10.43　　　　　图 10.44

4 选中图形，单击鼠标右键，在弹出的菜单中选择【Power Clip 内部】选项，在其下方矩形上单击，将多余部分图形隐藏，如图 10.45 所示。

5 打开【导入文件】对话框，选择"烧烤.png"素材，单击【导入】按钮，将素材图像放在矩形靠右侧位置，如图 10.46 所示。

图 10.45　　　　　图 10.46

6 选中素材图像，单击鼠标右键，在弹出的菜单中选择【Power Clip 内部】选项，在其下方矩形上单击，将多余部分图形隐藏，如图 10.47 所示。

图 10.47

10.3.2 输入文字信息

1 单击工具箱中的【文本工具】字按钮，输入文字，设置【字体】为 MStiffHei PRC UltraBold，如图 10.48 所示。

2 选中素材图像，单击工具箱中的【透明度工具】按钮，在属性栏中将【合并模式】更改为叠加，【透明度】更改为 80。

3 选中图形，单击鼠标右键，在弹出的菜单中选择【Power Clip 内部】选项，在其下方图形上单击，将多余部分文字隐藏，如图 10.49 所示。

图 10.48　　　　　图 10.49

4 单击工具箱中的【文本工具】字按钮，输入文字，设置【字体】为汉仪书魂体简、汉仪尚巍手书 W，如图 10.50 所示。

图 10.50

5 选中刚才添加的文字，在【轮廓笔】对话框中，将【宽度】更改为4，单击【角】右侧【圆角】图标，完成之后单击 OK 按钮，如图 10.51 所示。

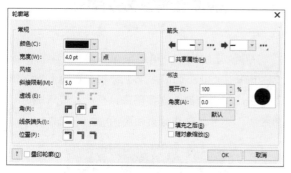

图 10.51

6 单击工具箱中的【贝塞尔工具】按钮，绘制一个白色图形，设置其【轮廓色】为黑色，【轮廓宽度】为4，如图 10.52 所示。

7 选中图形，将其向下复制一份并适当旋转及放大，如图 10.53 所示。

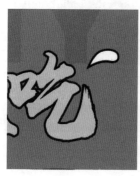
图 10.52

图 10.53

10.3.3 绘制装饰图形

1 单击工具箱中的【矩形工具】按钮，绘制一个黑色矩形，如图 10.54 所示。

2 单击工具箱中的【贝塞尔工具】按钮，在矩形右侧位置绘制一个黑色三角形，如图 10.55 所示。

图 10.54

图 10.55

3 同时选中两个图形，单击属性栏中的【焊接】按钮，将图形焊接。

4 选中图形，按住鼠标左键及 Shift 键的同时向下方拖动，再按鼠标右键将其复制一份，将复制生成的图形向右侧适当移动，如图 10.56 所示。

5 单击工具箱中的【形状工具】按钮，同时选中左侧两个节点，增加图形宽度。

6 以同样方法将图形再复制一份并增加其宽度，如图 10.57 所示。

图 10.56

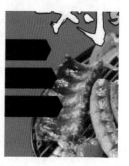
图 10.57

7 单击工具箱中的【椭圆形工具】按钮，按住 Ctrl 键绘制一个正圆，设置其颜色为无，【轮廓宽度】为3,【轮廓色】为白色,如图10.58所示。

8 选中正圆,按住鼠标左键及 Shift 键的同时向下方拖动,再按鼠标右键将其复制一份,按 Ctrl+D 组合键执行再制命令,将其再复制一份,如图 10.59 所示。

图 10.58   图 10.59

9 单击工具箱中的【文本工具】字按钮,输入文字,设置【字体】为汉仪书魂体简、苹方特粗,如图 10.60 所示。

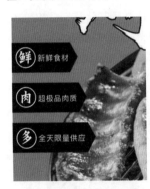

图 10.60

10 单击工具箱中的【封套工具】按钮,再单击属性栏中的【直线模式】按钮,按住 Shift 键拖动右下角或者右上角控制点,将文字透

视变形,如图 10.61 所示。

图 10.61

11 选中文字,单击鼠标右键,在弹出的菜单中选择【Power Clip 内部】选项,在其下方图形上单击,将多余部分文字隐藏,至此,快乐烧烤节海报制作完成,最终效果如图 10.62 所示。

图 10.62

10.4 社团招新主题海报设计

 实例说明

本例讲解社团招新主题海报设计。本例的设计使用漂亮的网格作为背景,再绘制图形并输入文字信息,

最后导入素材图像，完成整个海报设计。最终效果如图 10.63 所示。

关键步骤

◆ 绘制矩形及线段制作出网格化背景图像。

◆ 绘制正圆制作出海报装饰图像。

◆ 添加素材图像及文字信息，完成最终效果制作。

难易程度：★★☆☆☆

调用素材：第 10 章 \ 社团招新主题海报设计

源文件：第 10 章 \ 社团招新主题海报设计 .cdr

视频教学

图 10.63

操作步骤

10.4.1　制作网格化背景

① 单击工具箱中的【矩形工具】□按钮，绘制一个绿色（R：187，G：233，B：141）矩形，如图 10.64 所示。

② 单击工具箱中的【贝塞尔工具】✏按钮，绘制一条线段，设置其【轮廓色】为黑色，【轮廓宽度】为 0.5，如图 10.65 所示。

③ 选中线段，按住鼠标左键及 Shift 键的同时向下方拖动，再按鼠标右键将其复制一份，按 Ctrl+D 组合键执行再制命令，将其再复制多份，如图 10.66 所示。

④ 选中所有线段，按 Ctrl+C 组合键将其复制，再按 Ctrl+V 组合键将其粘贴，在选项栏中的【旋转角度】中输入 90，将线段旋转，如图 10.67 所示。

⑤ 增加复制生成的线段长度，如图 10.68 所示。

图 10.64　　　　　　　图 10.65

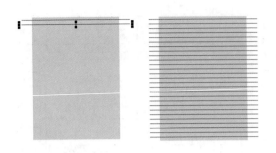

图 10.66

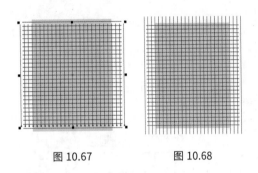

图 10.67   图 10.68

6 选中所有线段,将其向右侧平移,再单击鼠标右键,在弹出的菜单中选择【Power Clip 内部】选项,在其下方矩形上单击,将多余部分图形隐藏,如图 10.69 所示。

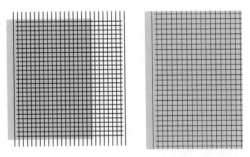

图 10.69

7 选中线段,单击鼠标右键,在弹出的菜单中选择【编辑 Power Clip】选项,调整图像位置及大小,完成之后单击左上角【完成】 **完成** 按钮,如图 10.70 所示。

8 单击工具箱中的【矩形工具】 按钮,绘制一个黄色(R:255,G:241,B:17)矩形,设

置其【轮廓色】为黑色,【轮廓宽度】为 1,如图 10.71 所示。

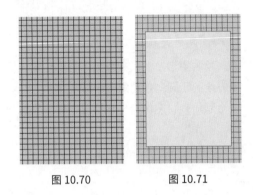

图 10.70   图 10.71

9 单击工具箱中的【形状工具】 按钮,拖动矩形右上角节点增加圆角效果,如图 10.72 所示。

10 选中矩形,按 Ctrl+C 组合键将其复制,再按 Ctrl+V 组合键将其粘贴,将粘贴的矩形颜色更改为白色,再将其适当缩小,如图 10.73 所示。

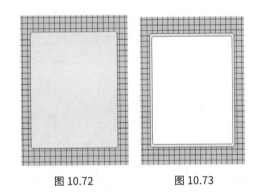

图 10.72   图 10.73

10.4.2　绘制正圆装饰元素

1 单击工具箱中的【椭圆形工具】 按钮,按住 Ctrl 键绘制一个正圆,设置其颜色为绿色(R:187,G:233,B:141),【轮廓色】为黑色,【轮廓宽度】为 0.5,如图 10.74 所示。

2 选中正圆,按 Ctrl+C 组合键将其复制,再按 Ctrl+V 组合键将其粘贴,将粘贴的正圆等比缩小,如图 10.75 所示。

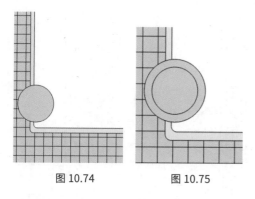

图 10.74   图 10.75

3 同时选中两个圆形，单击属性栏中的
【修剪】 □ 按钮，再将小正圆删除制作圆环，如
图 10.76 所示。

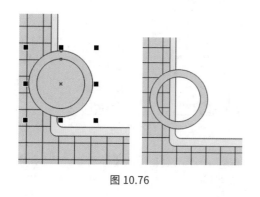

图 10.76

4 单击工具箱中的【矩形工具】 □ 按钮，
绘制一个黑色矩形，如图 10.77 所示。

5 同时选中矩形及圆环，单击属性栏中
的【修剪】 □ 按钮，完成之后将小正圆删除，如
图 10.78 所示。

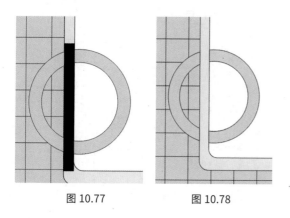

图 10.77   图 10.78

6 选中圆环，按住鼠标左键及 Shift 键的同
时向右侧拖动，再按鼠标右键将其复制一份。

7 单击属性栏中的【水平镜像】 ⮂ 按钮，
对图形进行水平翻转，再将图形适当移动，如
图 10.79 所示。

8 选中复制生成的圆环，将其颜色更改为
蓝色（R:153，G:255，B:255），如图 10.80 所示。

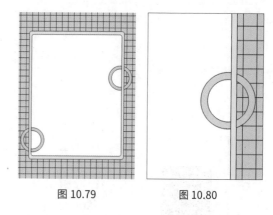

图 10.79   图 10.80

9 单击工具箱中的【椭圆形工具】 ○ 按钮，
在矩形左上角位置按住 Ctrl 键绘制一个正圆，设置
其颜色为绿色（R:187，G:233，B:141），【轮廓
色】为黑色，【轮廓宽度】为 0.5，如图 10.81 所示。

10 选中正圆，按 Ctrl+C 组合键将其复制，
再按 Ctrl+V 组合键将其粘贴，然后将粘贴的正圆
等比缩小，如图 10.82 所示。

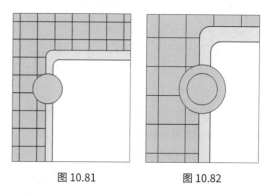

图 10.81   图 10.82

11 同时选中两个圆形，单击属性栏中的【修
剪】 □ 按钮，完成之后将小正圆删除制作圆环，如
图 10.83 所示。

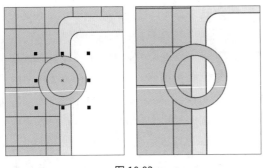

图 10.83

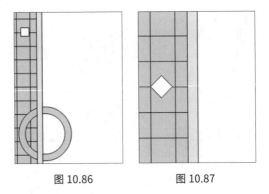

图 10.86　　　　　图 10.87

12 单击工具箱中的【矩形工具】▭按钮，绘制一个黑色矩形，如图 10.84 所示。

13 同时选中矩形及圆环，单击属性栏中的【修剪】🖵按钮，对图形进行修剪，如图 10.85 所示。

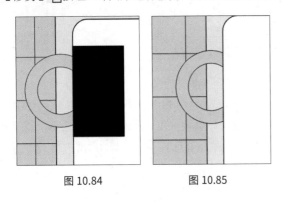

图 10.84　　　　　图 10.85

10.4.3　添加装饰图形

1 单击工具箱中的【矩形工具】▭按钮，按住 Ctrl 键绘制一个正方形，设置其颜色为白色，【轮廓色】为黑色，【轮廓宽度】为默认，如图 10.86 所示。

2 选中矩形，在选项栏中的【旋转角度】中输入 45，将矩形旋转，如图 10.87 所示。

3 选中矩形，按住鼠标左键及 Shift 键的同时向右侧拖动，再按鼠标右键将其复制一份，按 Ctrl+D 组合键执行再制命令，将其再复制两份，如图 10.88 所示。

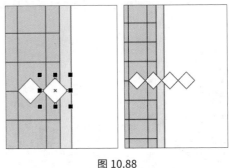

图 10.88

4 单击工具箱中的【椭圆形工具】◯按钮，在矩形左上角位置按住 Ctrl 键绘制一个正圆，设置其颜色为蓝色（R:153，G:255，B:255），【轮廓色】为黑色，【轮廓宽度】为 1，如图 10.89 所示。

5 选中正圆，按 Ctrl+C 组合键将其复制，再按 Ctrl+V 组合键将其粘贴，将粘贴的正圆等比缩小，如图 10.90 所示。

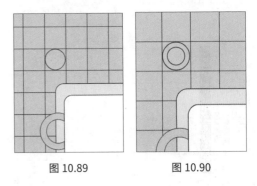

图 10.89　　　　　图 10.90

6 同时选中两个圆形，单击属性栏中的【修剪】🔲 按钮，完成之后将小正圆删除制作圆环，如图 10.91 所示。

7 单击工具箱中的【矩形工具】⬜ 按钮，绘制一个黑色矩形，如图 10.92 所示。

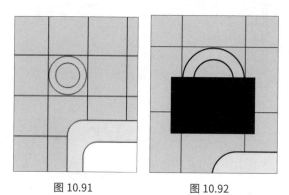

图 10.91　　　　图 10.92

8 同时选中圆环及矩形，单击属性栏中的【修剪】🔲 按钮，完成之后将矩形删除制作半圆环，如图 10.93 所示。

9 选中半圆环，按住鼠标左键及 Shift 键的同时向右侧拖动，再按鼠标右键将其复制一份，如图 10.94 所示。

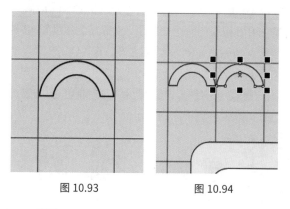

图 10.93　　　　图 10.94

10 按 Ctrl+D 组合键执行再制命令，将其再复制数份。

11 选中所有半圆环，按住鼠标左键的同时拖动，再按鼠标右键将其复制一份，将复制生成的半圆环颜色更改为黄色（R：255，G：241，B：17），

如图 10.95 所示。

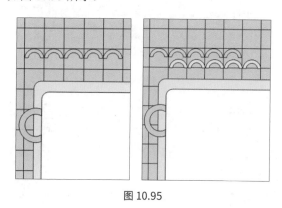

图 10.95

10.4.4　导入素材图像

1 打开【导入文件】对话框，选择"人物.png"素材，单击【导入】按钮，将素材图像放在适当位置，如图 10.96 所示。

2 单击工具箱中的【文本工具】字 按钮，输入文字，设置【字体】为 MStiffHei PRC UltraBold，如图 10.97 所示。

图 10.96　　　　图 10.97

3 选中图形，单击工具箱中的【阴影工具】⬜ 按钮，在图像上拖动为其添加阴影效果，在选项栏中将【阴影颜色】更改为深绿色（R：150，G：162，B：138），【阴影羽化】更改为 0，如图 10.98 所示。

图 10.98

④ 单击工具箱中的【矩形工具】 按钮，按住 Ctrl 键绘制一个正方形，设置其颜色为白色，【轮廓色】为黑色，【轮廓宽度】为1，如图 10.99 所示。

⑤ 单击工具箱中的【矩形工具】 按钮，在正方形底部绘制一个绿色（R:187,G:233,B:141）矩形。

⑥ 双击矩形，将光标移至左侧中间控制点，按住鼠标左键并向右侧拖动，将其斜切变形，如图 10.100 所示。

图 10.99　　　　图 10.100

⑦ 以同样方法在右侧再制作一个相同图形，制作侧面图形，如图 10.101 所示。

⑧ 同时选中小方块图形，按住鼠标左键及 Shift 键的同时向右侧拖动，再按鼠标右键将其复制一份，按 Ctrl+D 组合键执行再制命令，将其再复制两份，如图 10.102 所示。

⑨ 单击工具箱中的【文本工具】 字 按钮，输入文字，设置【字体】为 MStiffHei PRC UltraBold，如图 10.103 所示。

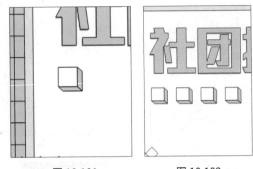

图 10.101　　　　图 10.102

图 10.103

10.4.5　制作前头图形

① 单击工具箱中的【矩形工具】 按钮，按住 Ctrl 键绘制一个正方形，设置其颜色为无，【轮廓色】为绿色（R:187，G:233，B:141），【轮廓宽度】为10，如图 10.104 所示。

② 选中图形，在【轮廓笔】对话框中，将【颜色】更改为黑色，如图 10.105 所示。

图 10.104　　　　图 10.105

（3）选中矩形，在选项栏中的【旋转角度】中输入 45，将矩形旋转，如图 10.106 所示。

（4）单击工具箱中的【矩形工具】▢按钮，绘制一个黑色矩形，如图 10.107 所示。

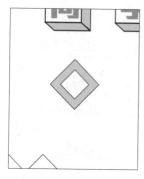
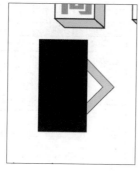

图 10.106　　　　　　　图 10.107

（5）同时选中两个图形，单击属性栏中的【修剪】🏠按钮，再将矩形删除，如图 10.108 所示。

（6）单击工具箱中的【矩形工具】▢按钮，在余下图形顶部位置再绘制一个黑色矩形，如图 10.109 所示。

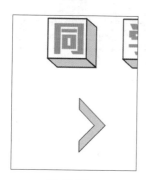

图 10.108　　　　　　　图 10.109

（7）同时选中两个图形，单击属性栏中的【修剪】🏠按钮，再将矩形删除。

（8）单击工具箱中的【矩形工具】▢按钮，在余下图形底部位置再绘制一个黑色矩形，如图 10.110 所示。

（9）同时选中两个图形，单击属性栏中的【修剪】🏠按钮，再将矩形删除，如图 10.111 所示。

图 10.110　　　　　　　图 10.111

（10）选中图形，按住鼠标左键及 Shift 键的同时向右侧拖动，再按鼠标右键将其复制一份，按 Ctrl+D 组合键执行再制命令，将其再复制两份，如图 10.112 所示。

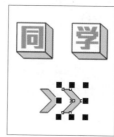
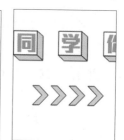

图 10.112

（11）单击工具箱中的【矩形工具】▢按钮，绘制一个稍小矩形，设置矩形为绿色（R:187，G:233，B:141），【轮廓色】为黑色，【轮廓宽度】为默认，如图 10.113 所示。

（12）单击工具箱中的【文本工具】字按钮，输入文字，设置【字体】为 MStiffHei PRC UltraBold，如图 10.114 所示。

图 10.113　　　　　　　图 10.114

10.4.6 添加海报信息

1️⃣ 单击工具箱中的【矩形工具】▢按钮，按住 Ctrl 键绘制一个正方形，设置其颜色为无，【轮廓色】为黑色，【轮廓宽度】为默认，如图 10.115 所示。

图 10.115

2️⃣ 打开【导入文件】对话框，选择"二维码 .png"素材，单击【导入】按钮，将素材图像放在矩形位置并等比缩小，如图 10.116 所示。

图 10.116

3️⃣ 单击工具箱中的【文本工具】**字**按钮，输入文字，设置【字体】为 MStiffHei PRC UltraBold，至此，社团招新主题海报制作完成，最终效果如图 10.117 所示。

图 10.117

10.5 生日纪念海报设计

 实例说明

本例讲解生日纪念海报设计。本例的设计以简约漂亮的多边形背景作为主视觉图像，同时输入文字信息并绘制相关装饰图形，完成整个海报设计。最终效果如图 10.118 所示。

关键步骤

◆ 绘制矩形及扇形图形制作出海报背景。

◆ 绘制线段制作出条纹装饰效果。

◆ 添加素材图像及文字信息，最后绘制图形，完成最终效果制作。

难易程度：★★★☆☆

调用素材：第10章\生日纪念海报设计

源文件：第10章\生日纪念海报设计.cdr

视频教学

图 10.118

 操作步骤

10.5.1 制作海报主题背景

1 单击工具箱中的【矩形工具】□按钮，绘制一个浅红色（R:251，G:236，B:227）矩形，如图 10.119 所示。

2 单击工具箱中的【贝塞尔工具】✒按钮，在矩形左下角绘制一个扇形。

3 单击工具箱中的【交互式填充工具】◈按钮，再单击属性栏中的【渐变填充】▧按钮，在图形上拖动，填充浅蓝色（R:216，G:199，B:247）到深蓝色（R:175，G:166，B:249）的线性渐变，如图 10.120 所示。

4 选中扇形，按 Ctrl+C 组合键将其复制，再按 Ctrl+V 组合键将其粘贴。

5 单击属性栏中的【水平镜像】◨按钮，对图形进行水平翻转，再将图形等比缩小后适当移动，如图 10.121 所示。

图 10.119　　　　图 10.120

图 10.121

6 单击工具箱中的【贝塞尔工具】✒按钮，在矩形顶部绘制一个蓝色（R:212，G:192，B:245）图形，设置其【轮廓色】为无。

7 以同样方法在右上角位置再绘制一个类似图形，如图 10.122 所示。

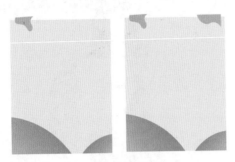

图 10.122

8 同时选中两个图形，单击鼠标右键，在弹出的菜单中选择【Power Clip 内部】选项，在其下方图形上单击，将多余部分图形隐藏，如图 10.123 所示。

图 10.123

10.5.2 添加条纹装饰

1 单击工具箱中的【贝塞尔工具】✐按钮，绘制一条倾斜线段，如图 10.124 所示。

2 选中线段，按住鼠标左键的同时向右上角方向拖动，再按鼠标右键将其复制一份，如图 10.125 所示。

图 10.124   图 10.125

3 单击工具箱中的【混合工具】✐按钮，选中其中一条线段向另外一条线段上拖动，创建混合效果，如图 10.126 所示。

4 选中混合后的图像，将其向右侧适当移动，如图 10.127 所示。

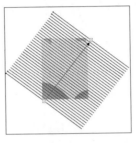

图 10.126   图 10.127

5 选中混合图像，单击鼠标右键，在弹出的菜单中选择【Power Clip 内部】选项，在其下方矩形上单击，将多余部分线段隐藏，如图 10.128 所示。

6 选中图像，单击鼠标右键，在弹出的菜单中选择【编辑 Power Clip】选项，调整图像位置及大小，将线段颜色更改为白色，完成之后单击左上角【完成】 ✓ 完成按钮，如图 10.129 所示。

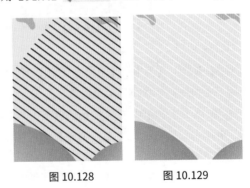

图 10.128   图 10.129

7 以同样方法再选中混合线段图像，单击工具箱中的【透明度工具】▨按钮，在属性栏中将【合并模式】更改为柔光，【透明度】更改为 60，如图 10.130 所示。

8 单击工具箱中的【椭圆形工具】◯按钮，按住 Ctrl 键绘制一个正圆。

9 单击工具箱中的【交互式填充工具】◇ 按钮，再单击属性栏中的【渐变填充】■ 按钮，在图形上拖动，填充浅蓝色（R:216，G:199，B:247）到蓝色（R:175，G:166，B:249）的线性渐变，如图 10.131 所示。

图 10.130 　　　　图 10.131

10.5.3 制作半色调图像

1 单击工具箱中的【椭圆形工具】◯ 按钮，按住 Ctrl 键绘制一个白色正圆。

2 单击工具箱中的【交互式填充工具】◇ 按钮，再单击属性栏中的【渐变填充】■ 按钮，在图形上拖动，填充白色到黑色的椭圆形渐变，如图 10.132 所示。

图 10.132

3 选中正圆，执行菜单栏中的【位图】|【转换为位图】命令。

4 执行菜单栏中的【效果】|【颜色转换】|【半色调】命令，在弹出的对话框中将【最大点半径】更改为 10，完成之后单击 OK 按钮，如图 10.133

所示。

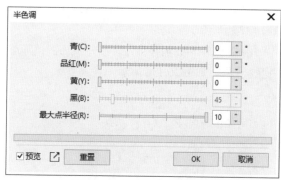

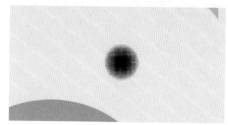

图 10.133

5 选中添加半色调效果后的图像，执行属性栏中的【描摹位图】|【轮廓描摹】|【高质量图像】命令，在弹出的对话框中选中【删除原始】复选框，单击 OK 按钮，如图 10.134 所示。

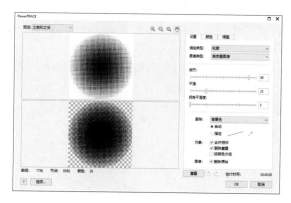

图 10.134

提示：绘制圆形时，需要注意圆形与其下方矩形的大小比例关系，否则半色调效果将会不明显。

6 选中半色调图像,将其颜色更改为紫色(R:228,G:212,B:248),再将其等比放大,如图 10.135 所示。

7 选中半色调图像,将其移至正圆图形顺序下方位置,如图 10.136 所示。

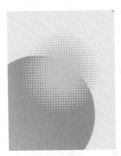 

图 10.135　　　　　图 10.136

10.5.4　添加文字信息

1 单击工具箱中的【文本工具】字按钮,输入文字,设置【字体】为 MStiffHei PRC。

2 双击文字,将光标移至左侧中间控制点,按住鼠标左键并向上拖动,将其斜切,如图 10.137 所示。

3 选中文字,按 Ctrl+C 组合键将其复制,再按 Ctrl+V 组合键将其粘贴。

4 将粘贴的文字填充颜色更改为无,将【轮廓色】更改为紫色(R:212,G:192,B:245),【轮廓宽度】更改为 3,再将其向下稍微移动,如图 10.138 所示。

图 10.137　　　　　图 10.138

5 打开【导入文件】对话框,选择"人物.png"素材,单击【导入】按钮,将素材图像放在海报中间位置,如图 10.139 所示。

6 选中人物素材图像,单击工具箱中的【透明度工具】按钮,在人物图像上拖动,将部分图像隐藏,如图 10.140 所示。

图 10.139　　　　　图 10.140

10.5.5　处理主题文字效果

1 单击工具箱中的【文本工具】字按钮,输入文字,设置【字体】为 MStiffHei PRC。

2 双击文字,将光标移至左侧中间控制点,按住鼠标左键并向上拖动,将其斜切,如图 10.141 所示。

3 单击工具箱中的【交互式填充工具】按钮,再单击属性栏中的【渐变填充】按钮,在图形上拖动,填充蓝色(R:142,G:108,B:253)到紫色(R:185,G:105,B:248)的线性渐变,如图 10.142 所示。

图 10.141　　　　　图 10.142

4 选中文字，在【轮廓笔】对话框中，将【颜色】更改为白色，【宽度】更改为10，完成之后单击 OK 按钮，如图 10.143 所示。

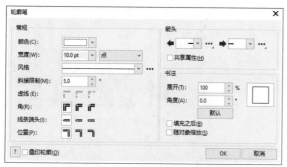

5 选中文字，单击工具箱中的【阴影工具】按钮，在图像上拖动为其添加阴影效果，在选项栏中将【阴影颜色】更改为黑色，【合并模式】更改为叠加，【阴影不透明度】更改为50，【阴影羽化】更改为0，如图 10.144 所示。

图 10.143

6 单击工具箱中的【贝塞尔工具】按钮，绘制一个三角形。

7 单击工具箱中的【交互式填充工具】按钮，再单击属性栏中的【渐变填充】按钮，在

图形上拖动，填充蓝色（R:142，G:108，B:253）到紫色（R:185，G:105，B:248）的线性渐变，如图 10.145 所示。

8 单击工具箱中的【矩形工具】按钮，绘制一个白色矩形，如图 10.146 所示。

图 10.145   图 10.146

9 单击工具箱中的【形状工具】按钮，拖动矩形右上角节点增加圆角效果，如图 10.147 所示。

10 单击工具箱中的【椭圆形工具】按钮，按住 Ctrl 键绘制一个正圆，设置其颜色为白色，【轮廓色】为无，如图 10.148 所示。

图 10.147   图 10.148

11 以同样方法再绘制多个正圆图像，制作出云朵图像效果，如图 10.149 所示。

12 同时选中刚才绘制的所有图形，单击属性栏中的【焊接】按钮，将图形焊接，如图 10.150 所示。

图 10.144

图 10.149　　　　　图 10.150

如图 10.154 所示。

图 10.153

13 选中云朵图像，单击工具箱中的【透明度工具】▧按钮，在图像上拖动降低其透明度，如图 10.151 所示。

14 选中云朵图像，按住鼠标左键的同时向右上角方向拖动，再按鼠标右键将其复制一份，再将图像等比缩小，如图 10.152 所示。

图 10.154

图 10.151　　　　　图 10.152

4 同时选中所有白色小正圆，按住鼠标左键的同时向右下角方向拖动，再按鼠标右键，将其复制一份，在选项栏中的【旋转角度】中输入 90，将图像旋转，如图 10.155 所示。

10.5.6　绘制圆形装饰图像

1 单击工具箱中的【椭圆形工具】◯按钮，按住 Ctrl 键绘制一个正圆，设置其颜色为紫色（R:232，G:171，B:241），【轮廓色】为无。

2 以同样方法再绘制一个稍小白色正圆，如图 10.153 所示。

图 10.155

3 选中白色正圆，按住鼠标左键及 Shift 键的同时向上方拖动，再按鼠标右键将其复制一份，按 Ctrl+D 组合键执行再制命令，将其再复制数份，

5 单击工具箱中的【贝塞尔工具】✐按钮，绘制一个紫色（R:232，G:171，B:241）星形，设置其【轮廓色】为无，以同样方法再绘制数个类似图形，如图 10.156 所示。

图 10.156

图 10.157

6 单击工具箱中的【文本工具】**字**按钮，输入文字，设置【字体】为张海山锐谐体，如图 10.157 所示。

7 单击工具箱中的【矩形工具】□按钮，绘制一个紫色（R:142，G:108，B:253）矩形，如图 10.158 所示。

8 选中矩形，按住鼠标左键及 Shift 键的同时向右侧拖动，再按鼠标右键将其复制一份，至此，生日纪念海报制作完成，最终效果如图 10.159 所示。

图 10.158   图 10.159

10.6 课后上机实操

海报设计是视觉传达的表现形式之一，也是招揽顾客的张贴物，大多张贴于人们易见的地方，所以其广告性色彩极其浓厚。在制作过程中以传播的重点为制作中心，使人们理解及接纳的同时提升海报主题知名度。通过对本章的学习，读者可以掌握海报的设计重点及其制作技巧。

10.6.1 上机实操 1——专车服务海报设计

 实例说明

专车服务海报设计，本例信息十分直观，以柔和的粉色作为背景色，将素材与文字信息完美结合。最终效果如图 10.160 所示。

图 10.160

关键步骤

◆ 导入素材并进行处理。

◆ 绘制对话图形。

◆ 添加文字和其他内容。

难易程度：★★★☆☆

调用素材：第 10 章 \ 专车服务海报设计

源文件：第 10 章 \ 专车服务海报设计 .cdr

10.6.2　上机实操 2——儿童梦想主题海报设计

实例说明

　　儿童梦想主题海报设计，本例中海报以灯泡创意图像为主视觉图像，整个海报表现出很强的主题特征，同时添加手绘装饰图像，增强了整个海报的视觉趣味性。最终效果如图 10.161 所示。

图 10.161

关键步骤

◆ 绘制矩形并填充渐变，制作背景。

◆ 绘制灯泡形状并添加文字，制作艺术文字。

◆ 添加素材并进行艺术处理。

难易程度：★★★☆☆

调用素材：第 10 章 \ 儿童梦想主题海报设计

源文件：第 10 章 \ 儿童梦想主题海报设计 .cdr

第 11 章

精美书籍装帧设计

内容摘要

本章主要讲解精美书籍装帧设计。书籍装帧设计作为平面设计中的重要组成部分，其设计重点在于表现出书籍的内容信息，在其设计过程中需要注意封面及封底的搭配，同时考虑合适的配色。本章列举了未来商城简介画册设计、坚果介绍画册封面设计、会议手册封面设计、时尚杂志封面设计等实例，通过对本章的学习，读者可以基本掌握精美书籍装帧设计的知识。

教学目标

◎ 学会未来商城简介画册设计技巧　　　　◎ 掌握坚果介绍画册封面设计技巧

◎ 了解会议手册封面设计知识　　　　　　◎ 掌握时尚杂志封面设计知识

11.1　未来商城简介画册设计

 实例说明

　　本例讲解未来商城简介画册设计。本例中画册以简单的渐变图形作为背景，再添加素材图像和直观的文字信息，整个画册的设计感很鲜明。最终效果如图 11.1 所示。

图 11.1

 关键步骤

◆　绘制矩形制作封面轮廓。

◆　添加素材图像制作主视觉效果，最后添加文字信息，完成最终效果制作。

难易程度：★★☆☆☆

调用素材：第 11 章 \ 未来商城简介画册设计

源文件：第 11 章 \ 未来商城简介画册设计 .cdr

视频教学

操作步骤

11.1.1 制作手册主视觉

1️⃣ 单击工具箱中的【矩形工具】□ 按钮，绘制一个【宽度】为 850，【高度】为 350 的矩形，设置【填充】为白色，【轮廓色】为任意颜色，如图 11.2 所示。

图 11.4

11.1.2 打造线条图像

1️⃣ 单击工具箱中的【贝塞尔工具】 按钮，绘制一条线段，设置【轮廓色】为白色，【轮廓宽度】为 2，如图 11.5 所示。

2️⃣ 选中线段，单击工具箱中的【透明度工具】▨ 按钮，在线段上拖动，降低线段透明度，如图 11.6 所示。

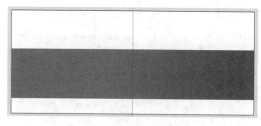

图 11.2

2️⃣ 创建一条竖直辅助线，并且使辅助线位于矩形中间位置，如图 11.3 所示。

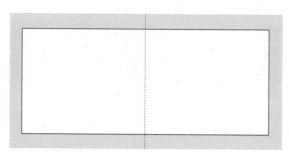

图 11.3

3️⃣ 选中矩形，按 Ctrl+C 组合键将其复制，再按 Ctrl+V 组合键将其粘贴。

4️⃣ 将粘贴的矩形高度缩小，并取消其轮廓，单击工具箱中的【交互式填充工具】◇ 按钮，再单击属性栏中的【渐变填充】▨ 按钮，在图形上拖动，填充蓝色（R:122，G:132，B:207）到紫色（R:119，G:89，B:181）的线性渐变，如图 11.4 所示。

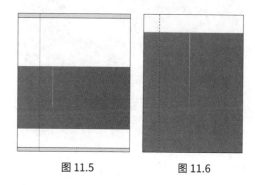

图 11.5 图 11.6

3️⃣ 选中线段，按住鼠标左键及 Shift 的键同时向右侧拖动，再按鼠标右键将其复制一份，按 Ctrl+D 组合键执行再制命令，将其再复制数份，如图 11.7 所示。

图 11.7

4 分别缩小部分线段长度，如图 11.8 所示。

图 11.8

11.1.3 导入素材图像

1 打开【导入文件】对话框，选择"装饰图像 .cdr"素材，单击【导入】按钮，选中部分素材图像，将其放在适当位置，如图 11.9 所示。

图 11.9

2 单击工具箱中的【文本工具】**字**按钮，输入文字，设置【字体】为苹方，如图 11.10 所示。

图 11.10

3 打开【导入文件】对话框，选择"网络 .png"

素材，单击【导入】按钮，将其放在"商城"文字左侧位置，如图 11.11 所示。

4 单击工具箱中的【贝塞尔工具】按钮，绘制一条【轮廓宽度】为 1 的白色水平线段，如图 11.12 所示。

图 11.11   图 11.12

5 单击工具箱中的【贝塞尔工具】按钮，绘制一条【轮廓宽度】为 1 的灰色（R:128，G:128，B:128）水平线段，如图 11.13 所示。

6 选中线段，按住鼠标左键及 Shift 键的同时向右侧拖动，如图 11.14 所示。

图 11.13   图 11.14

7 打开【导入文件】对话框，选择"装饰元素 .cdr"素材，单击【导入】按钮，将其导入当前文档中并放在画册背面位置，如图 11.15 所示。

8 单击工具箱中的【文本工具】**字**按钮，输入文字，设置【字体】为苹方，如图 11.16 所示。

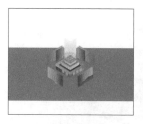 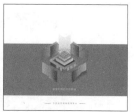

图 11.15　　　　图 11.16

11.1.4　打造手册展示平台

1 同时选中画册所有图形，单击鼠标右键，在弹出的菜单中选择【组合】选项，再按住鼠标左键及 Shift 键的同时向下方拖动，再按鼠标右键将其复制一份，将复制生成的画册图像轮廓更改为无，如图 11.17 所示。

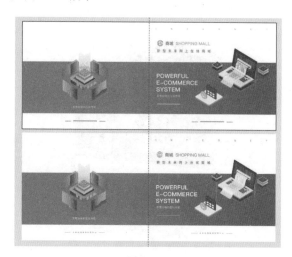

图 11.17

2 单击工具箱中的【贝塞尔工具】按钮，绘制三个图形制作盒子，并分别将其颜色设置为蓝色（R:98，G:105，B:151）、浅蓝色（R:114，G:121，B:165）及深蓝色（R:85，G:90，B:130），如图 11.18 所示。

3 单击工具箱中的【矩形工具】按钮，绘制一个黑色矩形，如图 11.19 所示。

4 同时选中黑色矩形及其下方画册图像，

单击属性栏中的【修剪】按钮，再将黑色矩形删除，如图 11.20 所示。

图 11.18

图 11.19　　　　图 11.20

5 选中余下的画册正面图像，按 Ctrl+G 组合键将其组合，双击图像，将光标移至左侧中间控制点，按住鼠标左键并向上拖动，将其斜切，如图 11.21 所示。

图 11.21

6 单击工具箱中的【贝塞尔工具】按钮，分别绘制一个灰色（R:230，G:230，B:230）图形及深灰色（R:204，G:204，B:204）图形，如图 11.22 所示。

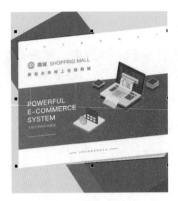

② 选中图形，执行菜单栏中的【位图】|【转换为位图】命令。

③ 执行菜单栏中的【效果】|【模糊】|【高斯式模糊】命令，在弹出的对话框中将【半径】更改为 20，完成之后单击 OK 按钮，如图 11.24 所示。

图 11.22

11.1.5 添加真实阴影效果

① 单击工具箱中的【贝塞尔工具】 ✑ 按钮，绘制一个黑色图形，将图形向下移至画册图像底部，如图 11.23 所示。

图 11.24

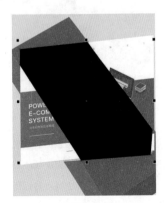

图 11.23

④ 选中素材图像，单击工具箱中的【透明

度工具】■按钮，将图像【透明度】更改为 60。

5 单击工具箱中的【贝塞尔工具】■按钮，再绘制一个黑色三角形，并将其移至盒子图像底部，如图 11.25 所示。

图 11.25

6 选中图形，执行菜单栏中的【位图】|【转换为位图】命令。

7 执行菜单栏中的【效果】|【模糊】|【高斯式模糊】命令，在弹出的对话框中将【半径】更改为 20，完成之后单击 OK 按钮，如图 11.26 所示。

图 11.26

8 选中素材图像，单击工具箱中的【透明度工具】■按钮，将图像【透明度】更改为 60，至此，未来商城简介画册制作完成，最终效果如图 11.27 所示。

图 11.27

11.2 坚果介绍画册封面设计

 实例说明

本例讲解坚果介绍画册封面设计。此款画册封面设计过程比较简单，主要以漂亮的素材图像为主视觉图像，通过绘制图形并输入文字信息完成整个封面设计。最终效果如图 11.28 所示。

视频教学

图 11.28

 关键步骤

◆ 绘制矩形，制作画册封面主体轮廓。

◆ 导入素材图像并对素材进行处理，然后输入文字信息。

◆ 为画册制作立体展示效果，完成最终效果制作。

难易程度：★★★☆☆

调用素材：第 11 章 \ 坚果介绍画册封面设计

源文件：第 11 章 \ 坚果介绍画册封面设计 .cdr

 操作步骤

11.2.1 制作画册主体背景

1 单击工具箱中的【矩形工具】□按钮，绘制一个【宽度】为 425，【高度】为 297 的矩形，设置【填充】为白色，【轮廓色】为任意颜色，如图 11.29 所示。

2 选中矩形，按 Ctrl+C 组合键将其复制，再按 Ctrl+V 组合键将其粘贴，再将粘贴的矩形颜色更改为绿色（R:106，G:145，B:87），然后缩小复制生成的图形宽度，并将其轮廓取消，如图 11.30 所示。

图 11.29

图 11.30

③ 按 Ctrl+V 组合键再次粘贴图形，将粘贴的图形颜色更改为黑色，并缩小其高度及宽度，如图 11.31 所示。

图 11.31

④ 打开【导入文件】对话框，选择"松子.jpg"素材，单击【导入】按钮，将素材图像放在适当位置，如图 11.32 所示。

图 11.32

⑤ 选中图像，单击鼠标右键，在弹出的菜单中选择【Power Clip 内部】选项，在其下方图形上单击，将多余部分图形隐藏，如图 11.33 所示。

⑥ 选中图像，单击鼠标右键，在弹出的菜单中选择【编辑 Power Clip】选项，调整图像位置及大小，完成之后单击左上角【完成】 ✓ 完成 按钮，如图 11.34 所示。

图 11.33　　　　图 11.34

11.2.2　打造特效装饰图像

① 单击工具箱中的【椭圆形工具】◯按钮，按住 Ctrl 键绘制一个黑色正圆，如图 11.35 所示。

② 单击工具箱中的【交互式填充工具】◈按钮，再单击属性栏中的【渐变填充】▰按钮，在图形上拖动，填充绿色（R:106，G:145，B:87）到黄色（R:251，G:159，B:108）的线性渐变，如图 11.36 所示。

图 11.35　　　　图 11.36

③ 单击工具箱中的【矩形工具】▢按钮，绘制一个白色矩形，如图 11.37 所示。

④ 单击工具箱中的【封套工具】▨按钮，再单击属性栏中的【直线模式】▱按钮，按住

Shift 键拖动右下角控制点，将图形透视变形，如图 11.38 所示。

图 11.37   图 11.38

5 在图形上双击，将控制中心点移至底部位置，如图 11.39 所示。

6 选中图形，按住鼠标左键向右侧适当旋转，再按鼠标右键将其复制一份，如图 11.40 所示。

图 11.39   图 11.40

7 按 Ctrl+D 组合键执行再制命令，将图形复制多份制作放射图像，如图 11.41 所示。

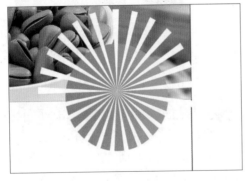

图 11.41

8 选中放射图像，将其等比缩小，如图 11.42 所示。

9 单击工具箱中的【透明度工具】■按钮，在放射图像上拖动降低透明度，如图 11.43 所示。

 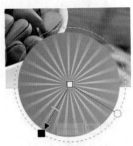

图 11.42   图 11.43

10 单击工具箱中的【矩形工具】□按钮，绘制一个黄色（R:235，G:220，B:165）矩形，如图 11.44 所示。

11 选中矩形，单击鼠标右键，在弹出的菜单中选择【Power Clip 内部】选项，在其下方正圆上单击，将多余部分矩形隐藏，如图 11.45 所示。

图 11.44   图 11.45

12 打开【导入文件】对话框，选择"松子 2.jpg"素材，单击【导入】按钮，将素材图像放在正圆位置，如图 11.46 所示。

13 单击工具箱中的【文本工具】字按钮，输入文字，设置【字体】为苹方，如图 11.47 所示。

图 11.46　　　　　图 11.47

11.2.3　添加图文元素

① 单击工具箱中的【矩形工具】▭按钮，在右下角绘制一个绿色（R：106，G：145，B：87）矩形，如图 11.48 所示。

图 11.48

② 单击工具箱中的【文本工具】字按钮，输入文字，设置【字体】为苹方，如图 11.49 所示。

图 11.49

③ 选中封面图像，将其轮廓更改为无，如图 11.50 所示。

图 11.50

11.2.4　制作展示效果

① 选中封面图像，按住鼠标左键及 Shift 键的同时向右侧拖动，再按鼠标右键将其复制一份，如图 11.51 所示。

图 11.51

2 选中封面图像，按 Ctrl+C 组合键将其复制。

3 单击工具箱中的【矩形工具】□按钮，在封面图像左半部分绘制一个矩形框。

4 同时选中两个图像，单击属性栏中的【修剪】□按钮，如图 11.52 所示。修改完成后将矩形删除。

图 11.52

5 单击工具箱中的【矩形工具】□按钮，绘制一个【宽度】为 420，【高度】为 285 的矩形，设置【填充】为白色，【轮廓色】为无。

6 单击工具箱中的【交互式填充工具】◇按钮，再单击属性栏中的【渐变填充】█按钮，在图形上拖动，填充灰色（R:48，G:51，B:56）到灰色（R:224，G:224，B:224）的椭圆形渐变，如图 11.53 所示。

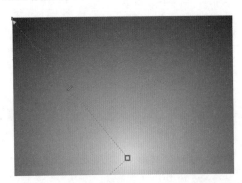

图 11.53

7 选中封面图像，将其移至渐变背景图像位置，如图 11.54 所示。

图 11.54

8 在左侧图像上双击，拖动左侧控制点将其斜切变形，以同样方法将右侧图像斜切变形，如图 11.55 所示。

图 11.55

11.2.5　打造真实倒影

1 选中左侧图像，按 Ctrl+C 组合键复制，再按 Ctrl+V 组合键粘贴，将粘贴的图像向下移动，单击属性栏中的【垂直镜像】█按钮，将粘贴的图形垂直镜像，如图 11.56 所示。

2 在图像上双击，拖动左侧控制点将其斜切变形，如图 11.57 所示。

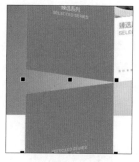
图 11.56

图 11.57

③ 单击工具箱中的【透明度工具】■按钮，在图像上拖动，降低其透明度，如图 11.58 所示。

④ 以同样方法将右侧图像复制一份，并为其制作倒影效果，如图 11.59 所示。

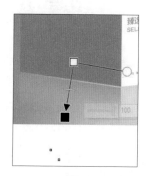
图 11.58

图 11.59

⑤ 单击工具箱中的【贝塞尔工具】✎按钮，

在左侧图像位置绘制一个不规则图形并移至图像下方，设置【填充】为青色（R:153，G:204，B:204），【轮廓色】为无，如图 11.60 所示。

图 11.60

⑥ 以同样方法再次绘制数个相似图像，制作内页效果，至此，坚果介绍画册封面制作完成，最终效果如图 11.61 所示。

图 11.61

11.3 会议手册封面设计

 实例说明

本例讲解会议手册封面设计。漂亮的会议手册可以在提升视觉效果的同时增强其商务性。最终效果如图 11.62 所示。

 关键步骤

◆ 绘制矩形制作封面轮廓。

◆ 添加素材图像制作主视觉效果，然后添加文字信息，完成最终效果制作。

图 11.62

难易程度：★★★☆☆

调用素材：第 11 章 \ 会议手册封面设计

源文件：第 11 章 \ 会议手册封面设计 .cdr

 **操作步骤**

11.3.1 制作手册主体背景

1 单击工具箱中的【矩形工具】□按钮，绘制一个【宽度】为 425，【高度】为 297 的矩形，设置【填充】为白色，【轮廓色】为任意颜色，如图 11.63 所示。

图 11.63

2 选中矩形，按 Ctrl+C 组合键将其复制，再按 Ctrl+V 组合键将其粘贴，然后将粘贴的矩形颜色更改为红色（R:176，G:40，B:56），并缩短复制生成的图形宽度，如图 11.64 所示。

图 11.64

3 单击工具箱中的【矩形工具】□按钮，绘制一个矩形，为其填充任意颜色，如图 11.65 所示。

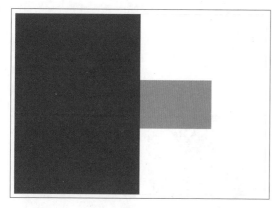

图 11.65

4 单击工具箱中的【贝塞尔工具】按钮，在矩形右侧位置绘制一个三角形，如图 11.66 所示。

5 同时选中矩形及三角形两个图形，单击属性栏中的【焊接】按钮，将图形焊接，如图 11.67 所示。

图 11.66　　　　图 11.67

11.3.2　处理装饰图像

1 打开【导入文件】对话框，选择"握手.jpg"素材，单击【导入】按钮，将素材图像放在适当位置，如图 11.68 所示。

2 选中图像，单击鼠标右键，在弹出的菜单中选择【PowerClip 内部】选项，将不需要的部分隐藏，再适当调整图像大小及位置，如图 11.69 所示。

3 选中刚才焊接后的图形，将其【填充】更改为无。

图 11.68　　　　图 11.69

4 单击工具箱中的【矩形工具】按钮，绘制一个矩形，设置其【填充】为红色（R：176，G：40，B：54），如图 11.70 所示。

5 选中矩形，按 Ctrl+C 组合键将其复制，再按 Ctrl+V 组合键将其粘贴，再将粘贴的矩形颜色更改为其他任意颜色，并等比缩小，如图 11.71 所示。

图 11.70　　　　图 11.71

6 同时选中两个矩形，单击属性栏中的【修剪】按钮，再删除小矩形，如图 11.72 所示。

7 选中经过修剪的图形，在图形中心位置单击，在选项栏中的【旋转角度】中输入 45，将图形旋转，如图 11.73 所示。

 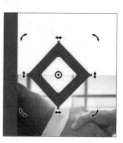

图 11.72　　　　图 11.73

8 单击工具箱中的【形状工具】按钮，同时选中图形左侧两个锚点，按 Delete 键将其删除，如图 11.74 所示。

再按 Ctrl+V 组合键将其粘贴。

13 将右侧图形颜色更改为浅红色（R：206，G：129，B：113），如图 11.78 所示。

图 11.78

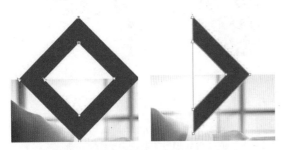

图 11.74

9 单击工具箱中的【矩形工具】按钮，绘制一个任意颜色矩形，如图 11.75 所示。

10 同时选中两个矩形，单击属性栏中的【修剪】按钮，再将矩形删除，如图 11.76 所示。

14 单击工具箱中的【贝塞尔工具】按钮，在图像左下角绘制一个三角形，设置其颜色为红色（R：176，G：40，B：54），如图 11.79 所示。

图 11.79

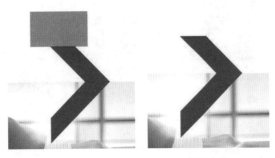

图 11.75　　　　图 11.76

11 以同样方法在红色图形底部区域绘制一个矩形并将不需要部分修剪，如图 11.77 所示。

15 单击工具箱中的【贝塞尔工具】按钮，绘制一条倾斜线段，设置其【轮廓宽度】为3，如图 11.80 所示。

16 将绘制的线段复制两份，并适当缩短其长度，如图 11.81 所示。

图 11.77

12 选中图形，按 Ctrl+C 组合键将其复制，

图 11.80　　　　图 11.81

11.3.3 处理标志及文字信息

1 单击工具箱中的【矩形工具】□按钮，在图像右上角位置绘制一个红色（R:176，G:40，B:54）矩形。

2 打开【导入文件】对话框，选择"标志.cdr"素材，将素材图像放在刚才绘制的红色矩形位置，适当缩放并更改其颜色为白色，如图 11.82 所示。

3 同时选中标志及矩形，单击属性栏中的【修剪】□按钮，再将标志图像删除，如图 11.83 所示。

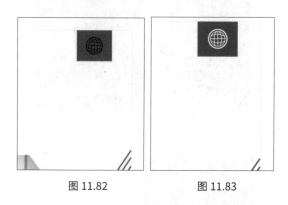

图 11.82   图 11.83

4 单击工具箱中的【文本工具】**字**按钮，输入文字，设置【字体】为 Arial、微软雅黑，如图 11.84 所示。

图 11.84

5 单击工具箱中的【矩形工具】□按钮，绘制一个矩形，设置其【填充】为红色（R:176，G:40，B:54），如图 11.85 所示。

6 单击工具箱中的【贝塞尔工具】✒️按钮，绘制一条线段，设置【轮廓宽度】为1，【线条样式】为虚线，如图 11.86 所示。

图 11.85   图 11.86

7 单击工具箱中的【文本工具】**字**按钮，输入文字，设置【字体】为微软雅黑，如图 11.87 所示。

8 同时选中文字及其下方矩形，单击属性栏中的【修剪】□按钮，再将文字删除，如图 11.88 所示。

图 11.87   图 11.88

9 单击工具箱中的【文本工具】**字**按钮，输入文字，设置【字体】为微软雅黑，如图 11.89 所示。

图 11.89

10 单击工具箱中的【贝塞尔工具】✒️按

钮，绘制一条弯曲线段，设置【轮廓宽度】为0.5，设置其颜色为红色（R:176，G:40，B:54），如图11.90所示。

⑪ 单击工具箱中的【透明度工具】 ▨ 按钮，将线段【不透明度】更改为50，如图11.91所示。

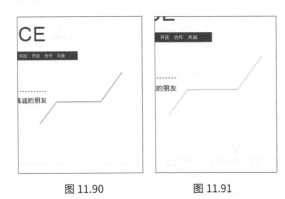

图 11.90　　　　　　图 11.91

⑫ 选中线段，将其复制两份，如图11.92所示。

图 11.92

11.3.4　制作封底效果

① 打开【导入文件】对话框，选择"标志.cdr"素材，单击【导入】按钮，将导入的标志图像放在左侧红色矩形位置，如图11.93所示。

② 同时选中标志及矩形，单击属性栏中的【修剪】 ⊡ 按钮，再将标志图像删除，如图11.94所示。

③ 单击工具箱中的【文本工具】字按钮，输入文字，设置【字体】为微软雅黑，如图11.95所示。

图 11.93

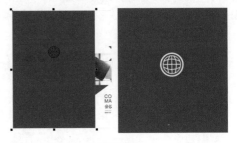

图 11.94

图 11.95

11.3.5　打造立体展示效果

① 选中所有对象，按 Ctrl+G 组合键组合对象。

② 选中封面图形图像，按住鼠标左键及 Shift 键向右侧平移拖动，再按鼠标右键将其复制一份。

③ 选中复制生成的图形图像，执行菜单栏

中的【位图】|【转换为位图】命令。

4 单击工具箱中的【矩形工具】□按钮，绘制一个矩形，将封底部分覆盖，如图11.96所示。

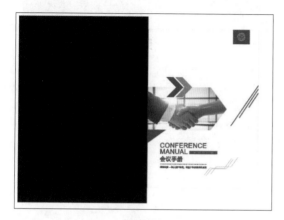

图 11.96

5 同时选中黑色矩形及其下方封面图像，单击属性栏中的【修剪】□按钮，再将黑色矩形删除，如图11.97所示。

图 11.97

6 打开【导入文件】对话框，选择"背景.jpg"素材，单击【导入】按钮，将修剪后的图像放在背景图像位置，如图11.98所示。

7 在图像上双击，拖动右侧控制点将其斜切变形，如图11.99所示。

图 11.98

图 11.99

8 单击工具箱中的【贝塞尔工具】✐按钮，在封面顶部绘制一个三角形，设置【填充】为青色（R：153，G：204，B：204），【轮廓色】为无，如图11.100所示。

9 将图形移至封面图像下方，如图11.101所示。

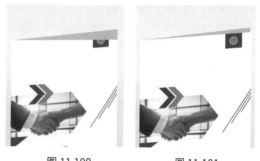

图 11.100   图 11.101

10 以同样方法再次绘制多个图形，制作出翻页效果，如图11.102所示。

图 11.102

11.3.6 制作倒影效果

① 选中封面图像，按 Ctrl+C 组合键复制，再按 Ctrl+V 组合键粘贴，单击属性栏中的【垂直镜像】按钮，将其垂直镜像，如图 11.103 所示。

图 11.103

② 在镜像图像上双击，拖动右侧控制点将其斜切变形，如图 11.104 所示。

图 11.104

③ 单击工具箱中的【透明度工具】按钮，

在图像上拖动降低其透明度，如图 11.105 所示。

图 11.105

④ 单击工具箱中的【矩形工具】按钮，在倒影图像上半部分位置绘制一个矩形，如图 11.106 所示。

图 11.106

⑤ 选中倒影图像，单击鼠标右键，在弹出的菜单中选择【Power Clip 内部】选项，在其黑色矩形框上单击，将多余部分阴影图像隐藏，如图 11.107 所示。

图 11.107

6 将轮廓颜色更改为无，至此，会议手册封面制作完成，最终效果如图 11.108 所示。

图 11.108

11.4　时尚杂志封面设计

 实例说明

　　本例讲解时尚杂志封面设计。本例中的封面在设计过程中以出色的时尚图像元素及直观的 logo 信息作为主视觉图像，整个版面设计非常简洁，同时主题特征十分明确。最终效果如图 11.109 所示。

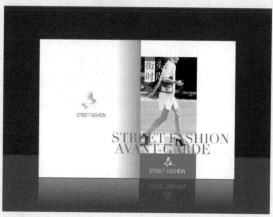

图 11.109

 关键步骤

◆　绘制矩形并复制排列。

◆ 添加文字和素材。

◆ 制作立体效果。

难易程度：★★★☆☆

调用素材：第 11 章 \ 时尚杂志封面设计

源文件：第 11 章 \ 时尚杂志封面平面设计 .cdr、时尚杂志封面展示设计 .cdr

视频教学

操作步骤

11.4.1 制作平面效果

1 单击工具箱中的【矩形工具】□按钮，绘制一个【宽度】为 420，【高度】为 285 的矩形，设置【填充】为白色。

2 在矩形靠右侧位置再次绘制一个红色（R:232，G:59，B:65）矩形，如图 11.110 所示。

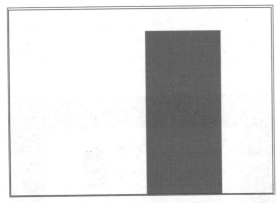

图 11.110

3 执行菜单栏中的【文件】|【导入】命令，选择"图像 .jpg"文件，单击【导入】按钮，在页面中单击，如图 11.111 所示。

4 选中图像，执行菜单栏中的【对象】|【PowerClip】|【置于图文框内部】命令，将图形放置到红色矩形内部，如图 11.112 所示。

图 11.111　　　　　　图 11.112

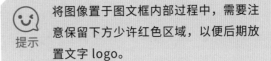
提示　将图像置于图文框内部过程中，需要注意保留下方少许红色区域，以便后期放置文字 logo。

5 单击工具箱中的【矩形工具】□按钮，在素材图像左上角按住 Ctrl 键绘制一个矩形，设置【填充】为白色，【轮廓色】为无。

6 在矩形顶部位置再次绘制一个红色（R:232，G:59，B:65）矩形，如图 11.113 所示。

 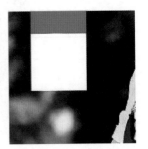

图 11.113

7 选中白色矩形，按住鼠标左键向下方移动，再按下鼠标右键将其复制一份，如图11.114所示。

8 单击工具箱中的【文本工具】**字**按钮，输入文字（华文中宋），如图11.115所示。

图11.114 　　　　　图11.115

9 在图像靠底部位置再次输入文字（Didot、Square721 Cn BT），如图11.116所示。

10 执行菜单栏中的【文件】|【打开】命令，选择"logo.cdr"文件，单击【打开】按钮，将打开的文件拖入当前页面中部分文字下方位置，如图11.117所示。

图11.116 　　　　　图11.117

11 同时选中logo及其下方文字，按住鼠标左键向左侧移动，并按下鼠标右键将其复制一份，如图11.118所示。

图11.118

11.4.2　制作展示效果

1 单击工具箱中的【矩形工具】□按钮，绘制一个矩形，设置【填充】为灰色（R:51，G:51，B:51），【轮廓色】为无，如图11.119所示。

图11.119

2 选中矩形，按Ctrl+C组合键复制，再按Ctrl+V组合键粘贴，将粘贴的矩形高度缩小，再将其【填充】更改为灰色（R:77，G:77，B:77），如图11.120所示。

图 11.120

3 执行菜单栏中的【文件】|【打开】命令，选择"时尚杂志封面 .cdr"文件，单击【打开】按钮，将打开的文件拖入当前页面中图形位置，按 Ctrl+G 组合键组合对象，如图 11.121 所示。

图 11.121

4 选中所有封面图像，按 Ctrl+C 组合键复制，再按 Ctrl+V 组合键粘贴，单击属性栏中的【垂直镜像】按钮，将图像垂直镜像，并将图像向下移动，如图 11.122 所示。

5 执行菜单栏中的【位图】|【转换为位图】命令，在弹出的对话框中分别选中【光滑处理】及【透明背景】复选框，完成之后单击 OK 按钮。

6 选中图像，单击工具箱中的【透明度工具】

按钮，在图像上拖动降低其透明度，制作倒影，如图 11.123 所示。

图 11.122

图 11.123

7 执行菜单栏中的【对象】【PowerClip】【置于图文框内部】命令，将图形放置到下方图形内部。

8 单击工具箱中的【矩形工具】□按钮，在封底位置绘制一个矩形，设置【填充】为灰色（R:128，G:128，B:128），【轮廓色】为无，如图 11.124 所示。

9 选中图形，单击工具箱中的【透明度工具】按钮，在图像上拖动制作阴影，至此，时尚杂志封面制作完成，最终效果如图 11.125 所示。

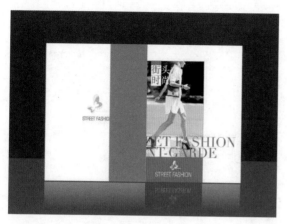

图 11.124

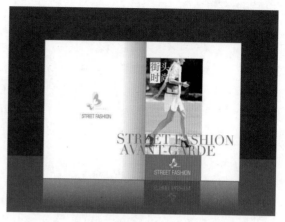

图 11.125

11.5 课后上机实操

封面装帧设计可以直接理解为书籍生产过程中的装潢设计艺术，它可以将书籍的主题内容、思想在封面中以和谐、美观的样式完美体现，其设计原则在于有效而恰当地反映书籍的内容、特色和著译者的意图，设计的好坏在一定程度上影响着人们的阅读欲望。通过本章的学习，读者可以透彻地了解封面装帧设计艺术，同时掌握设计的重点及原则。

11.5.1 上机实操1——建筑科技封面设计

 实例说明

建筑科技封面设计，此款封面在设计过程中采用不规则图形进行组合，能很好地体现出建筑的主题，同时以建筑素材图像作为装饰，使整个封面的主题性很强。最终效果如图 11.126 所示。

图 11.126

关键步骤

◆ 绘制不同形状图形并组合。

◆ 导入素材并放置在图文框中。

◆ 制作立体效果。

难易程度：★★★☆☆

调用素材：第 11 章 \ 建筑科技封面设计

源文件：第 11 章 \ 建筑科技封面平面设计 .cdr、建筑科技封面展示设计 .cdr

视频教学

11.5.2 上机实操 2——投资指南封面设计

实例说明

投资指南封面设计，本例在制作过程中以投资方向作为主视觉图像，以圆形将图像进行结合，可以很好地表现出内容重点。最终效果如图 11.127 所示。

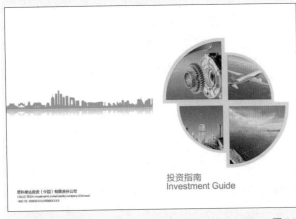

图 11.127

关键步骤

◆ 绘制饼图并进行调整。

◆ 导入素材并将其与饼图组合。

◆ 通过变形制作立体效果。

难易程度：★★★☆☆

调用素材：第 11 章 \ 投资指南封面设计

源文件：第 11 章 \ 投资指南封面平面设计 .cdr、投资指南封面展示设计 .cdr

视频教学

第 12 章

商业实用精品包装设计

内容摘要

本章主要讲解商业实用精品包装设计。包装设计作为一门十分重要的设计学科,其在平面广告领域的地位不容忽视。本章列举了真空干果包装设计、高档美容仪包装设计、时尚女性购物袋设计、可口奶香雪糕包装设计等实例,通过对本章的学习,读者可以掌握商业实用精品包装设计相关知识。

教学目标

◎ 掌握真空干果包装设计技巧　　　　　　　◎ 学会高档美容仪包装设计技巧

◎ 了解时尚女性购物袋设计技巧　　　　　　◎ 学习可口奶香雪糕包装设计知识

12.1 真空干果包装设计

 实例说明

　　本例讲解真空干果包装设计。此款包装的设计比较简洁，以直观的干果素材图像搭配艺术字体组合而成，通过版式设计及艺术处理完成整个包装设计。最终效果如图 12.1 所示。

视频教学

图 12.1

关键步骤

◆ 绘制图形并添加素材图像。

◆ 输入文字信息并对整体版式进行处理。

◆ 制作出真实的包装立体展示效果，完成最终效果制作。

难易程度：★★★★☆

调用素材：第 12 章 \ 真空干果包装设计

源文件：第 12 章 \ 真空干果包装设计 .cdr

操作步骤

12.1.1 制作包装平面效果

　　1 单击工具箱中的【矩形工具】□按钮，绘制一个矩形，设置矩形为灰色（R：250，G：250，

B：250），如图 12.2 所示。

　　2 打开【导入文件】对话框，选择"枸杞 .png"素材，单击【导入】按钮，将素材图像放在矩形右上角位置，如图 12.3 所示。

图 12.2   图 12.3

图 12.6   图 12.7

3 选中图像，单击鼠标右键，在弹出的菜单中选择【Power Clip 内部】选项，在其下方图形上单击，将多余部分图像隐藏，如图 12.4 所示。

4 单击工具箱中的【文本工具】**字**按钮，输入文字，设置【字体】为汉仪尚巍手书 W，如图 12.5 所示。

图 12.4   图 12.5

图 12.8

12.1.2 处理展示图像

1 单击工具箱中的【椭圆形工具】〇按钮，按住 Ctrl 键绘制一个正圆，如图 12.9 所示。

2 打开【导入文件】对话框，选择"枸杞 2.png"素材，单击【导入】按钮，将素材图像放在正圆位置，如图 12.10 所示。

5 打开【导入文件】对话框，选择"山丘 .png"素材，单击【导入】按钮，将素材图像放在矩形下半部分位置，如图 12.6 所示。

6 单击工具箱中的【透明度工具】▨按钮，将图形【透明度】更改为 50，如图 12.7 所示。

7 选中图像，单击鼠标右键，在弹出的菜单中选择【Power Clip 内部】选项，在其下方图形上单击，将多余部分图像隐藏，如图 12.8 所示。

图 12.9   图 12.10

3 选中图像,单击鼠标右键,在弹出的菜单中选择【Power Clip 内部】选项,在其下方图形上单击,将多余部分图像隐藏,如图 12.11 所示。

4 选中图像,单击鼠标右键,在弹出的菜单中选择【编辑 Power Clip】选项,调整图像位置及大小,如图 12.12 所示。

图 12.11   图 12.12

5 打开【导入文件】对话框,选择"标志.cdr"素材,单击【导入】按钮,将导入的素材图像放在包装适当位置。

6 单击工具箱中的【贝塞尔工具】按钮,绘制一个灰色(R:135,G:135,B:135)云朵图像,如图 12.13 所示。

7 选中云朵图像将其复制两份,并适当缩小,如图 12.14 所示。

图 12.13   图 12.14

8 单击工具箱中的【矩形工具】按钮,绘制一个矩形,设置矩形为红色(R:172,G:9,B:12),如图 12.15 所示。

9 单击工具箱中的【文本工具】**字**按钮,输入文字,设置【字体】为方正清刻本悦宋简体,如图 12.16 所示。

图 12.15   图 12.16

12.1.3 打造包装立体效果

1 选中所有图像,单击鼠标右键,在弹出的菜单中选择【组合】选项。

2 按住鼠标左键及 Shift 键的同时向右侧拖动,再按鼠标右键将其复制一份,选中图形,执行菜单栏中的【位图】|【转换为位图】命令,如图 12.17 所示。

图 12.17

3 单击工具箱中的【贝塞尔工具】按钮,沿包装边缘绘制一个不规则图形,如图 12.18 所示。

4 选中图像,单击鼠标右键,在弹出的菜单中选择【Power Clip 内部】选项,在包装图像上单击,将多余部分图像隐藏,再将轮廓取消,如

图 12.19 所示。

图 12.18   图 12.19

5 单击工具箱中的【贝塞尔工具】 按钮，在包装顶部绘制一条线段。

6 在【轮廓笔】对话框中，将【颜色】更改为灰色（R:128，G:128，B:128），将【轮廓宽度】更改为 2，将【样式】更改为一种虚线样式，完成之后单击 OK 按钮，如图 12.20 所示。

7 选中虚线，单击工具箱中的【阴影工具】 按钮，在图像上拖动为其添加阴影效果，在选项栏中将【阴影羽化】更改为 3，如图 12.21 所示。

图 12.20   图 12.21

12.1.4 制作质感

1 单击工具箱中的【贝塞尔工具】 按钮，在包装左侧位置绘制一个不规则图形，设置【填充】为灰色（R:102，G:102，B:102），【轮廓色】为无，如图 12.22 所示。

2 执行菜单栏中的【位图】|【转换为位图】命令，在弹出的对话框中分别选中【光滑处理】及【透明背景】复选框，完成之后单击 OK 按钮。

3 执行菜单栏中的【效果】|【模糊】|【高斯式模糊】命令，在弹出的对话框中将【半径】更改为 60，完成之后单击 OK 按钮，如图 12.23 所示。

图 12.22   图 12.23

4 选中图像，单击工具箱中的【透明度工具】 按钮，将其【透明度】更改为 50，如图 12.24 所示。

5 单击工具箱中的【贝塞尔工具】 按钮，在包装右侧位置再次绘制一个相同颜色的不规则图形，如图 12.25 所示。

图 12.24   图 12.25

6 以同样方法将其转换为位图并添加【半径】为 20 的高斯模糊效果，再将其图像【透明度】更改为 50，制作阴影效果，如图 12.26 所示。

图 12.26

7 以同样方法在其他位置制作相似的阴影质感效果，如图 12.27 所示。

8 单击工具箱中的【贝塞尔工具】 按钮，沿包装边缘绘制一个比其稍小的图形，设置【填充】为灰色（R：153，G：153，B：153），【轮廓色】为无，如图 12.28 所示。

图 12.27　　　　　图 12.28

9 执行菜单栏中的【位图】|【转换为位图】命令，在弹出的对话框中分别选中【光滑处理】及【透明背景】复选框，完成之后单击 OK 按钮。

10 执行菜单栏中的【位图】|【模糊】|【高斯式模糊】命令，在弹出的对话框中将【半径】更改为 30，完成之后单击 OK 按钮，如图 12.29 所示。

图 12.29

11 选中所有图像，单击鼠标右键，在弹出的菜单中选择【组合】选项。

12 打开【导入文件】对话框，选择"背景 .jpg"素材，单击【导入】按钮，将素材图像放在背景适当位置，至此，真空干果包装制作完成，最终效果如图 12.30 所示。

图 12.30

12.2　高档美容仪包装设计

 实例说明

本例讲解高档美容仪包装设计。本例中的包装设计强调了产品的品质，通过简约的外观设计使整个包装图像的视觉效果非常出色。最终效果如图 12.31 所示。

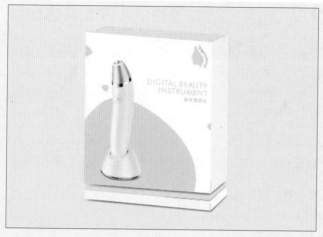

图 12.31

 关键步骤

◆ 绘制矩形并添加装饰图形及产品图像。

◆ 输入文字信息并对整体版式进行设计。

◆ 添加阴影等元素制作出真实的包装立体
展示效果，完成最终效果制作。

难易程度：★★★★☆

调用素材：第 12 章 \ 高档美容仪包装设计

源文件：第 12 章 \ 高档美容仪包装设计 .cdr

操作步骤

12.2.1 绘制主体图像

1 单击工具箱中的【矩形工具】□按钮，
绘制一个矩形，设置矩形为白色，轮廓为默认，如
图 12.32 所示。

2 单击工具箱中的【贝塞尔工具】按钮，
绘制一个粉色（R:249，G:219，B:219）图形，如
图 12.33 所示。

3 选中图形，单击鼠标右键，在弹出的菜
单中选择【Power Clip 内部】选项，在其下方图形
上单击，将多余部分图像隐藏，如图 12.34 所示。

图 12.32

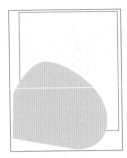 

图 12.33   图 12.34

(4) 以同样方法分别在左侧及右侧位置再次绘制两个相似小图形，如图 12.35 所示。

 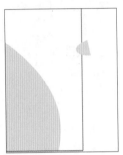

图 12.35

(5) 选中图形，单击鼠标右键，在弹出的菜单中选择【Power Clip 内部】选项，在其下方图形上单击，将多余部分图像隐藏，如图 12.36 所示。

(6) 单击工具箱中的【贝塞尔工具】按钮，在矩形中间位置再次绘制一个小图形，如图 12.37 所示。

图 12.36   图 12.37

12.2.2 处理素材图像

(1) 打开【导入文件】对话框，选择"美容仪 .png"素材，单击【导入】按钮，将素材图像放在包装适当位置并缩小，如图 12.38 所示。

图 12.38

(2) 单击工具箱中的【椭圆形工具】按钮，在美容仪图像底部绘制一个椭圆，设置其颜色为深红色（R:94，G:50，B:50），轮廓为无，如图 12.39 所示。

(3) 将椭圆图形移至美容仪图像底部位置，如图 12.40 所示。

图 12.39   图 12.40

(4) 选中椭圆图形，执行菜单栏中的【位图】|【转换为位图】命令。

(5) 执行菜单栏中的【效果】|【模糊】|【高斯式模糊】命令，在弹出的对话框中将【半径】更改为 10，完成之后单击 OK 按钮，如图 12.41 所示。

图 12.41

6 打开【导入文件】对话框,选择"头像.png"素材,单击【导入】按钮,将素材图像放在包装右上角位置并缩小,如图 12.42 所示。

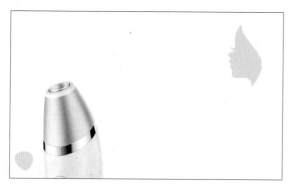

图 12.42

7 单击工具箱中的【贝塞尔工具】按钮,沿头像右侧轮廓绘制一条曲线,如图 12.43 所示。

8 单击工具箱中的【文本工具】**字**按钮,单击曲线输入文字,设置【字体】为 Yu Gothic UI Semilight,输入之后再将曲线轮廓更改为无,如图 12.44 所示。

9 单击工具箱中的【文本工具】**字**按钮,再次输入文字,如图 12.45 所示。

10 选中包装图形,将其轮廓更改为无,如图 12.46 所示。

图 12.43   图 12.44

图 12.45   图 12.46

12.2.3 制作包装立体轮廓

1 同时选中所有对象,单击鼠标右键,在弹出的菜单中选择【组合】选项。

2 选中图像,按住鼠标左键及 Shift 键的同时向右侧拖动,再按鼠标右键将其复制一份,如图 12.47 所示。

3 在图像上双击,拖动图像右侧中间控制点将其变形,如图 12.48 所示。

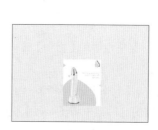   

图 12.47   图 12.48

4 单击工具箱中的【贝塞尔工具】 ↗ 按钮，在图像顶部绘制一个灰色（R:230，G:230，B:230）图形。

5 以同样方法在图像右侧再次绘制一个浅灰色（R:245，G:245，B:245）图形，如图 12.49 所示。

图 12.49

6 以同样方法在图像底部位置再次绘制数个图形，制作出包装立体效果，如图 12.50 所示。

图 12.50

12.2.4 添加阴影效果

1 单击工具箱中的【贝塞尔工具】 ↗ 按钮，在图像底部位置绘制一个黑色图形，如图 12.51 所示。

2 选中图形，执行菜单栏中的【位图】|【转换为位图】命令。

3 执行菜单栏中的【效果】|【模糊】|【高斯式模糊】命令，在弹出的对话框中将【半径】更改为 30，完成之后单击 OK 按钮，如图 12.52 所示。

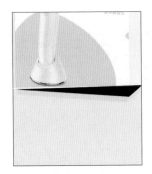

图 12.51   图 12.52

4 将模糊图像图形顺序向下移动，制作出封套阴影效果，单击工具箱中的【贝塞尔工具】 ↗ 按钮，在图像底部绘制两个灰色（R:250，G:250，B:250）图形，如图 12.53 所示。

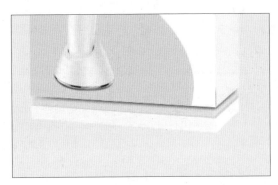

图 12.53

> 😊 技巧
>
> 按 Ctrl++PageUp 组合键可将图形向上移动一层，按 Ctrl++PageDown 组合键可将图形向下移动一层，按 Shift+PageUp 组合键可快速将图形移至所有图形上方，按 Shift+PageDown 组合键可快速将图形移至所有图形下方。

5 单击工具箱中的【贝塞尔工具】 ↗ 按钮，在图像底部位置绘制一个黑色图形并将其移至所有图形下方，如图 12.54 所示。

6 选中图形，执行菜单栏中的【位图】|【转换为位图】命令。

图 12.54

[7] 执行菜单栏中的【效果】|【模糊】|【高斯式模糊】命令，在弹出的对话框中将【半径】更改为 20，完成之后单击 OK 按钮，至此，高档美容仪包装制作完成，最终效果如图 12.55 所示。

图 12.55

12.3 时尚女性购物袋设计

 实例说明

本例讲解时尚女性购物袋设计。本例的设计以漂亮的女性头像为主视觉图像，通过添加文字信息并进行整体版式的设计，完成整个时尚女性购物袋设计。最终效果如图 12.56 所示。

视频教学

图 12.56

关键步骤

◆ 绘制图形并添加素材图像，制作出平面主体视觉效果。

◆ 输入文字信息并对整体版式进行设计。

◆ 制作出真实的包装立体展示效果，完成最终效果制作。

难易程度：★★★☆☆

调用素材：第 12 章 \ 时尚女性购物袋设计

源文件：第 12 章 \ 时尚女性购物袋设计 .cdr

操作步骤

12.3.1 制作平面展开效果

1️⃣ 单击工具箱中的【矩形工具】□按钮，绘制一个矩形，并设置【宽度】为 605，【高度】为 432，【填充】为绿色（R:155，G:204，B:50），【轮廓色】为无，如图 12.57 所示。

图 12.57

2️⃣ 选中矩形，按 Ctrl+C 组合键复制，按 Ctrl+V 组合键粘贴，将粘贴的矩形【填充】更改为绿色（R:167，G:214，B:66），再将其宽度更改为 121，并平移至左侧位置，如图 12.58 所示。

图 12.58

3️⃣ 选中小矩形将其复制一份，并将其向右侧平移至相对位置，如图 12.59 所示。

图 12.59

4️⃣ 打开【导入文件】对话框，选择"花朵 .png"和"人物 .png"素材，单击【导入】按钮，将素材图像放在适当位置，如图 12.60 所示。

图 12.60

技巧　添加素材图像之后，需要注意人物及花朵的前后顺序，应将花朵图像置于人物图像上方。

5️⃣ 单击工具箱中的【贝塞尔工具】✐按钮，在人物图像下半部分位置绘制一个线框图形，如图 12.61 所示。

6️⃣ 同时选中人物及刚才绘制的线框图形，

单击属性栏中的【修剪】🗗按钮，再将线框删除，如图 12.62 所示。

图 12.61　　　　图 12.62

7️⃣ 选中素材图像，单击鼠标右键，在弹出的菜单中选择【Power Clip 内部】选项，在其下方图形上单击，将多余部分图像隐藏，如图 12.63 所示。

图 12.63

8️⃣ 单击工具箱中的【文本工具】字按钮，输入文字，设置【字体】为 Exotc350 Bd BT、方正兰亭黑简体，如图 12.64 所示。

图 12.64

12.3.2　打造立体轮廓

1️⃣ 选中手提袋中间图像，单击鼠标右键，

在弹出的菜单中选择【组合】选项。

2️⃣ 按住鼠标左键及 Shift 键的同时向右侧拖动，再按鼠标右键将其复制一份。

3️⃣ 单击工具箱中的【封套工具】🔲按钮，单击属性栏中的【直线模式】◻按钮，按住 Shift 键拖动右下角控制点将图形透视变形，如图 12.65 所示。

图 12.65

4️⃣ 单击工具箱中的【矩形工具】◻按钮，绘制一个矩形，设置【轮廓色】为无。

5️⃣ 单击工具箱中的【交互式填充工具】◈按钮，再单击属性栏中的【渐变填充】▨按钮，在图形上拖动，填充绿色（R:3，G:112，B:28）到深绿色（R:4，G:70，B:20）的线性渐变，如图 12.66 所示。

图 12.66

6️⃣ 选中矩形，单击工具箱中的【封套工具】🔲按钮，单击属性栏中的【直线模式】◻按钮，按住 Shift 键拖动右上角控制点将图形透视变形，如图 12.67 所示。

7️⃣ 单击工具箱中的【贝塞尔工具】✐按钮，在矩形左侧绘制一个三角形，如图 12.68 所示。

图 12.67

图 12.68

8 同时选中三角形及下方图形，单击属性栏中的【修剪】🖺按钮，对图形进行修剪。

9 将三角形向右侧平移至相对位置，以同样方法对其进行修剪，完成之后将三角形删除，如图 12.69 所示。

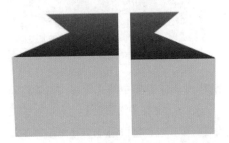

图 12.69

10 单击工具箱中的【矩形工具】▢按钮，在修剪后的图形位置绘制一个矩形，设置【填充】为浅绿色（R:167，G:214，B:66），【轮廓色】为无，如图 12.70 所示。

11 选中矩形，向右侧平移至相对位置复制，如图 12.71 所示。

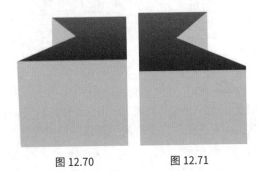

图 12.70   图 12.71

12 单击工具箱中的【贝塞尔工具】✐按钮，

在左侧矩形内部位置绘制一个不规则图形制作内衬，设置【填充】为绿色（R:3，G:112，B:28），【轮廓色】为无，如图 12.72 所示。

13 选中矩形将其复制一份，然后对其进行水平翻转，并向右侧平移至相对位置，如图 12.73 所示。

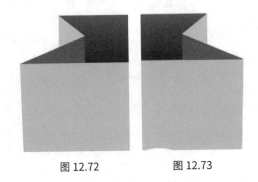

图 12.72   图 12.73

12.3.3 添加阴影质感效果

1 单击工具箱中的【椭圆形工具】◯按钮，在袋子顶部绘制一个椭圆，设置【填充】为深绿色（R:2，G:48，B:12），【轮廓色】为无，如图 12.74 所示。

图 12.74

2 选中椭圆，执行菜单栏中的【位图】|【转换为位图】命令，在弹出的对话框中分别选中【光滑处理】及【透明背景】复选框，完成之后单击OK 按钮。

3 执行菜单栏中的【效果】|【模糊】|【高斯式模糊】命令，在弹出的对话框中将【半径】更改为100，完成之后单击OK 按钮，如图 12.75 所示。

图 12.75

12.3.4 绘制细节图像

①　单击工具箱中的【椭圆形工具】〇按钮，在袋子顶部靠左侧位置按住 Ctrl 键绘制一个正圆。

②　单击工具箱中的【交互式填充工具】◇按钮，再单击属性栏中的【渐变填充】█按钮，在图形上拖动，填充灰色（R:180，G:180，B:180）到深灰色（R:74，G:74，B:74）的线性渐变，如图 12.76 所示。

图 12.76

③　选中图形，单击工具箱中的【阴影工具】█按钮，在图像上拖动为其添加阴影效果，在选项栏中将【阴影不透明度】更改为 60，【阴影羽化】更改为 10，如图 12.77 所示。

④　选中正圆将其复制一份，然后将其向右侧平移至相对位置，如图 12.78 所示。

图 12.77　　　　　图 12.78

12.3.5 添加细节元素

①　单击工具箱中的【贝塞尔工具】╱按钮，在袋子顶部绘制一条线段，设置【填充】为无，【轮廓色】为深绿色（R:2，G:48，B:12），【轮廓宽度】为 11，在【轮廓笔】对话框中，将【线条端头】更改为圆形端头，如图 12.79 所示。

②　选中线段，单击工具箱中的【阴影工具】█按钮，在线段上拖动为其添加阴影，在属性栏中将【阴影羽化】更改为 2，【不透明度】更改为 30，如图 12.80 所示。

图 12.79　　　　　图 12.80

③　单击工具箱中的【矩形工具】按钮，在手提袋底部位置绘制一个长条矩形，设置【填充】为深绿色（R:2，G:48，B:12），【轮廓色】为无，如图 12.81 所示。

图 12.81

图 12.82

④ 选中图形,执行菜单栏中的【位图】|【转换为位图】命令,在弹出的对话框中分别选中【光滑处理】及【透明背景】复选框,完成之后单击OK 按钮。

⑤ 执行菜单栏中的【效果】|【模糊】|【高斯式模糊】命令,在弹出的对话框中将【半径】更改为 10,完成之后单击 OK 按钮,如图 12.82 所示。

⑥ 打开【导入文件】对话框,选择"背景 .jpg"素材,单击【导入】按钮,将素材图像放在适当位置。

⑦ 选中所有和立体手提袋相关的图像,单击鼠标右键,在弹出的菜单中选择【组合】选项。

⑧ 将手提袋移至背景图像适当位置并适当缩小,至此,时尚女性购物袋制作完成,最终效果如图 12.83 所示。

图 12.83

12.4 可口奶香雪糕包装设计

 实例说明

本例讲解可口奶香雪糕包装设计。本例的设计围绕奶香味雪糕的特点,同时添加牛奶图像及雪糕图像,然后辅以漂亮的艺术字图像,完成整个包装设计。最终效果如图 12.84 所示。

 关键步骤

◆ 绘制图形并处理素材图像,制作平面主视觉效果。

◆ 制作质感效果并对其进一步处理。

◆ 添加装饰元素图像,完成最终效果制作。

难易程度:★★★☆☆

调用素材:第 12 章 \ 可口奶香雪糕包装设计

源文件:第 12 章 \ 可口奶香雪糕包装设计 .cdr

视频教学

图 12.84

图 12.86

操作步骤

12.4.1 处理包装主体图像

1 单击工具箱中的【矩形工具】□按钮，绘制一个矩形，设置矩形为黄色（R:255，G:208，B:127），如图 12.85 所示。

图 12.85

2 选中矩形，按 Ctrl+C 组合键将其复制，再按 Ctrl+V 组合键将其粘贴，将粘贴的矩形颜色更改为绿色（R:157，G:194，B:10），如图 12.86 所示。

3 单击工具箱中的【贝塞尔工具】✐按钮，绘制一个不规则图形，如图 12.87 所示。

图 12.87

4 同时选中不规则图形及绿色矩形，单击

属性栏中的【修剪】🔲按钮,再将不规则图形删除,如图 12.88 所示。

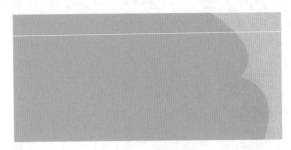

图 12.88

12.4.2　导入素材图像

1 打开【导入文件】对话框,选择"奶花 .png"和"雪糕 .png"素材,单击【导入】按钮,将素材图像放在图形适当位置,如图 12.89 所示。

图 12.89

2 选中奶花图像,将其复制数份,如图 12.90 所示。

图 12.90

3 选中所有与奶花和雪糕相关的图像,单击鼠标右键,在弹出的菜单中选择【Power Clip 内部】选项,在其下方图形上单击,将多余部分图像隐藏,如图 12.91 所示。

4 选中奶花图像,单击鼠标右键,在弹出的菜单中选择【编辑 Power Clip】选项,调整图像位置,如图 12.92 所示。

图 12.91　　　　　　　图 12.92

5 单击工具箱中的【文本工具】**字**按钮,输入文字,设置【字体】为方正胖娃简体,如图 12.93 所示。

6 打开【导入文件】对话框,选择"草莓 .png"素材,单击【导入】按钮,将素材图像放在图形适当位置,如图 12.94 所示。

图 12.93　　　　　　　图 12.94

7 选中"奶"字,单击工具箱中的【阴影工具】🔲按钮,在图像上拖动为其添加阴影效果,在选项栏中将【合并模式】更改为叠加,【阴影不透明度】更改为 30,【阴影羽化】更改为 10,以同样方法再为英文文字添加同样的阴影效果,如图 12.95 所示。

图 12.95

8 单击工具箱中的【文本工具】字按钮，输入文字，如图 12.96 所示。

图 12.96

12.4.3 制作包装轮廓

1 同时选中所有对象，单击鼠标右键，在弹出的菜单中选择【组合】选项。

2 选中图像，按住鼠标左键及 Shift 键的同时向右侧拖动，再按鼠标右键将其复制一份。

3 选中复制生成的图像，执行菜单栏中的【位图】|【转换为位图】命令，如图 12.97 所示。

图 12.97

4 单击工具箱中的【贝塞尔工具】✍按钮，

在图像顶部位置绘制一个线框图形，如图 12.98 所示。

图 12.98

5 同时选中两个图形，单击属性栏中的【修剪】╠按钮，对图像进行修剪，如图 12.99 所示。

图 12.99

6 选中线框图形将其复制一份，再单击属性栏中的【垂直镜像】╠按钮，将图形垂直镜像，以同样方法对下半部分图像进行修剪，修剪完成之后将线框图形删除，如图 12.100 所示。

图 12.100

7 单击工具箱中的【矩形工具】□按钮，在图像左上角按住 Ctrl 键绘制一个黑色矩形，如图 12.101 所示。

8 在属性栏中的【旋转角度】中输入 45，如图 12.102 所示。

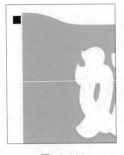

图 12.101   图 12.102

⑨ 选中矩形，按住鼠标左键向下方移动，并按下鼠标右键将图形复制一份，如图 12.103 所示。

⑩ 按 Ctrl+D 组合键执行再制命令，将图形复制多份，如图 12.104 所示。

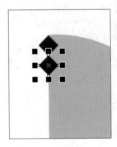

图 12.103   图 12.104

⑪ 同时选中所有黑色矩形，单击属性栏中的【焊接】按钮，将图形焊接，再适当缩小图形高度，使黑色矩形与包装图像边缘对齐，如图 12.105 所示。

图 12.105

⑫ 同时选中所有黑色矩形，按住鼠标左键向右侧拖动，再按下鼠标右键将图形复制一份，并

将复制的图形移至对应位置，如图 12.106 所示。

图 12.106

⑬ 同时选中所有图形，单击属性栏中的【修剪】按钮，对图形进行修剪，再将左右两侧黑色矩形删除，如图 12.107 所示。

图 12.107

12.4.4　添加质感效果

① 单击工具箱中的【贝塞尔工具】按钮，绘制一个不规则图形，设置【填充】为白色，【轮廓色】为无，如图 12.108 所示。

图 12.108

② 执行菜单栏中的【位图】|【转换为位图】命令，在弹出的对话框中分别选中【光滑处理】及【透明背景】复选框，完成之后单击 OK 按钮，如图 12.109 所示。

图 12.109

③ 执行菜单栏中的【效果】|【模糊】|【高斯式模糊】命令，在弹出的对话框中将【半径】更改为 30，完成之后单击 OK 按钮，如图 12.110 所示。

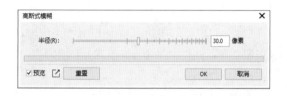

④ 执行菜单栏中的【效果】|【模糊】|【动态模糊】命令，在弹出的对话框中将【距离】更改为 500，【方向】更改为 0，完成之后单击 OK 按钮，如图 12.111 所示。

图 12.110

图 12.111

图 12.111（续）

⑤ 选中模糊图像，按住鼠标左键及 Shift 键的同时向下方拖动，再按鼠标右键将其复制一份。

⑥ 单击属性栏中的【垂直镜像】按钮，对图形进行垂直翻转，如图 12.112 所示。

图 12.112

⑦ 分别选中制作的模糊图像，适当调整图像位置，增强高光真实感。

⑧ 单击工具箱中的【贝塞尔工具】按钮，再次绘制一个白色不规则图形，如图 12.113 所示。

图 12.113

⑨ 执行菜单栏中的【位图】|【转换为位图】命令，在弹出的对话框中分别选中【光滑处理】及【透明背景】复选框，完成之后单击 OK 按钮。

⑩ 执行菜单栏中的【效果】|【模糊】|【高斯式模糊】命令，在弹出的对话框中将【半径】更改为 200，完成之后单击 OK 按钮，如图 12.114 所示。

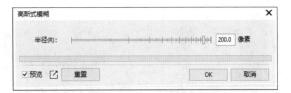

图 12.114

⑪ 选中图像,单击工具箱中的【透明度工具】按钮,在属性栏中将【合并模式】更改为叠加,如图 12.115 所示。

图 12.115

⑫ 以同样方法在其他位置绘制相似图形,并制作高光及阴影质感效果。

12.4.5　细化质感效果

① 单击工具箱中的【2 点线工具】按钮,在图像靠左侧位置绘制一条线段,设置【轮廓色】为白色,【轮廓宽度】为 4,如图 12.116 所示。

② 执行菜单栏中的【位图】|【转换为位图】命令,在弹出的对话框中分别选中【光滑处理】及【透明背景】复选框,完成之后单击 OK 按钮。

③ 执行菜单栏中的【效果】|【模糊】|【高

斯式模糊】命令,在弹出的对话框中将【半径】更改为 20,完成之后单击 OK 按钮,如图 12.117 所示。

图 12.116　　　　　图 12.117

④ 选中线条,单击工具箱中的【透明度工具】按钮,在属性栏中将【合并模式】更改为叠加,如图 12.118 所示。

⑤ 选中线条图像,按住鼠标左键向右侧移动,并按下鼠标右键将图像复制一份,如图 12.119 所示。

图 12.118　　　　　图 12.119

⑥ 按 Ctrl+D 组合键将图像再复制两份。

⑦ 同时选中左侧所有线段图像,再次将图像复制一份,并将复制的线段图像移至相应位置,如图 12.120 所示。

图 12.120

8 执行菜单栏中的【文件】|【导入】命令，选择"背景 .jpg"文件，单击【导入】按钮，在包装图像旁边单击，导入素材图像。

9 选中所有图像，按 Ctrl+G 组合键组合对象，将其移至背景图像位置并适当缩小及旋转，如图 12.121 所示。

图 12.121

10 选中图像，按 Ctrl+C 组合键复制，再按 Ctrl+V 组合键粘贴，将粘贴的图像向下移动并适当缩小及旋转，如图 12.122 所示。

11 执行菜单栏中的【位图】|【转换为位图】命令，在弹出的对话框中分别选中【光滑处理】及【透明背景】复选框，完成之后单击 OK 按钮。

12 执行菜单栏中的【位图】|【模糊】|【高斯式模糊】命令，在弹出的对话框中将【半径】更改为 20，完成之后单击 OK 按钮，如图 12.123 所示。

图 12.122

图 12.123

13 执行菜单栏中的【文件】|【导入】命令，选择"标志 .cdr"文件，单击【导入】按钮。

14 将导入的素材图像移至背景图像左上角位置并更改为白色，至此，可口奶香雪糕包装制作完成，最终效果如图 12.124 所示。

图 12.124

12.5　课后上机实操

商业包装是品牌理念及产品特性的综合反映，它可以直接影响消费者的购买欲，包装是建立在产品与消费者之间极具亲和力的营销手段，包装的功能主要是保护商品，同时提高商品附加值，对包装的规整设计可以使整个品牌效应持久及出色。包装的设计原则是体现品牌特点，传达直观印象，使用漂亮图案增强品牌印象及突出商品特点等。通过对本章的学习，读者可以快速地掌握商业包装的设计与制作技巧。

12.5.1　上机实操1——蓝莓棒包装展开面设计

 实例说明

蓝莓棒包装展开面设计，本例中的包装在设计过程中以蓝莓水果的特点为主题，从图文版式到配色，完美地与主题相衔接，使整个包装的视觉效果相当出色。最终效果如图 12.125 所示。

图 12.125

视频教学

 关键步骤

◆ 绘制矩形和圆形制作背景。
◆ 导入素材并添加阴影。
◆ 添加文本信息。

难易程度：★★★☆☆

调用素材：第 12 章 \ 蓝莓棒包装设计

源文件：第 12 章 \ 蓝莓棒包装展开面设计 .cdr

12.5.2　上机实操 2——蓝莓棒包装展示效果设计

 实例说明

蓝莓棒包装展示效果设计，此款包装采用紫色调作为主体色，因此在展示效果制作的过程中应当注意将图文与主色调相结合，这样可以使整体视觉效果更加专业。最终效果如图 12.126 所示。

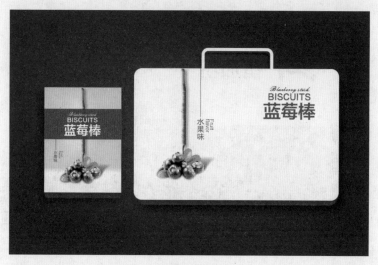

视频教学

图 12.126

 关键步骤

◆ 绘制矩形并填充渐变，制作背景。

◆ 打开素材并绘制矩形，制作手提部分。

◆ 通过绘制阴影和侧面制作立体效果。

难易程度：★★☆☆☆

调用素材：第 12 章 \ 蓝莓棒包装设计

源文件：第 12 章 \ 蓝莓棒包装展示效果设计 .cdr

12.5.3　上机实操 3——调味品包装展开面设计

 实例说明

调味品包装展开面设计，此款包装在设计过程中将蔬菜与美食图像相结合，在视觉上可以更好地突出产品的特点。最终效果如图 12.127 所示。

图 12.127

视频教学

关键步骤

◆ 绘制矩形和椭圆，通过高斯模糊制作背景。

◆ 添加素材并添加阴影。

◆ 添加文本信息。

难易程度：★ ★ ★ ☆ ☆

调用素材：第 12 章 \ 调味品包装设计

源文件：第 12 章 \ 调味品包装展开面设计 .cdr

12.5.4　上机实操 4——调味品包装展示效果设计

实例说明

　　调味品包装展示效果设计，此款包装的展示效果制作过程比较简单，主要由高光及阴影质感图像组成，为其处理前后对比效果，使整体视觉更具立体感。最终效果如图 12.128 所示。

图 12.128

 关键步骤

◆ 利用交互式填充工具和高斯模糊制作背景。

◆ 打开平面图并置于图文框内部，制作立体轮廓。

◆ 绘制高光区域，制作立体效果。

难易程度：★★★★☆

调用素材：第 12 章 \ 调味品包装设计

源文件：第 12 章 \ 调味品包装展示效果设计 .cdr